U0208904

大战略评估
战略环境分析与判断

ASSESSMENT IN GRAND STRATEGY:
The Analysis and Judgement of Strategic Enviornment

周丕启◎著

时事出版社
北京

图书在版编目（CIP）数据

大战略评估：战略环境分析与判断/周丕启著．—北京：时事出版社，2019.3

ISBN 978-7-5195-0283-6

Ⅰ.①大…　Ⅱ.①周…　Ⅲ.①战略环境评价—研究—中国　Ⅳ.①X821.2

中国版本图书馆 CIP 数据核字（2018）第 276014 号

出 版 发 行：时事出版社

地　　　　址：北京市海淀区万寿寺甲 2 号

邮　　　编：100081

发 行 热 线：（010）88547590　88547591

读者服务部：（010）88547595

传　　　真：（010）88547592

电 子 邮 箱：shishichubanshe@ sina. com

网　　　址：www. shishishe. com

印　　　刷：北京旺都印务有限公司

开本：650×980　1/16　印张：15.5　字数：245 千字

2019 年 3 月第 1 版　2019 年 3 月第 1 次印刷

定价：88. 00 元

（如有印装质量问题，请与本社发行部联系调换）

CONTENTS

目录

导　言

　　国家兴衰，战略举足轻重。大战略是治国之道，安邦定国之途，关系到国家的长治久安，实质是一个国家如何有效运用战略资源维护国家安全的长远规划。安全与威胁紧密相关，美国著名战略学家约翰·柯林斯说过："国家安全的利益、目标和政策只有在与国内外各种威胁联系起来考虑，才有意义。"① 维护安全需要应对威胁，应对威胁需要判断威胁，而判断威胁主要取决于环境评估。因此，能否准确评估安全环境，就直接影响到威胁判断的精当，进而关系到大战略的成败。

　　环境分析和威胁判断是战略评估的主要内容。战略评估古已有之，但现代意义上的战略评估发端于西方的政策科学。20 世纪 50 年代，随着西方政策科学和管理学兴起，评估问题引起关注。1967 年爱德华·萨齐曼发表《评估研究》一文，主张评估应该成为一个重要的研究领域。自此后，西方政策科学和管理学开始重视研究评估问题。西方战略学界借鉴政策科学和管理学取得的成就，从军事和安全角度深化评估问题的研究。目前，西方战略学界关于评估问题的研究主要体现在两个方面：一是战略评估理论问题，即如何进行科学评估的问题，主要涉及评估对象、评估方法、评估标准、评估程序、评估规则等问题；二是战略评估应用问题，即如何运用评估结果的问题，主要涉及战略评估应用领域、从事评估的智库以及政府部门如何运作、评估结果如何推广等问题。随着国际形势发展，国家面临的安全形势日趋复杂，战略环境评估问题日益受到西方战略学界的重视，专门进行战略环境评估的智库雨后春笋般涌现，越

---

　　① 　约翰·柯林斯著，中国人民解放军军事科学院译：《大战略》，战士出版社 1978 年版，第 31 页。

来越多的科研机构和政府部门从事这方面的研究，成果斐然。

与西方相比，中国战略学界对战略评估问题研究起步较晚。李少军于 2003 年发表的《战略评估的理论视角》一文是国内战略学界较早涉及战略评估理论问题的文章。2008 年李梦汶等发表的《战略评估的理论与实践研究》是近年来战略学界研究战略评估问题的代表作。2013 年马亚龙等出版的著作《评估理论和方法及其军事应用》一书系统总结了各种评估方法，是目前国内战略学界研究评估问题的集大成者。在实际操作层面，对于战略环境评估，建国以来基本上为政府高层垄断。改革开放后，特别是 20 世纪 90 年代以来，国内战略学界开始从学理角度探讨战略环境评估问题。到目前为止，国内关于战略环境评估的研究主要有两大特点：一是理论研究少，应用研究多。国内战略学界对于战略环境评估对象、评估方法、评估标准、评估程序、评估原则等理论问题涉及不多，更多的是对战略环境现状和发展趋势进行分析。即使涉及到评估理论和方法问题，原创性的较少，基本上以介绍西方的居多。二是定性研究多，定量研究少。无论是学者的专著比如阎学通等的《中国崛起——国际环境评估》、张小明的《中国周边安全环境分析》，还是智库的评估报告比如现代国际关系研究院出版的年度《国际战略与安全形势评估》、军事科学院的《战略评估》等都是以定性分析为主，较少定量分析。

战略是科学和艺术。战略的科学性体现在战略制定和实施的程序化和规则化。战略评估是战略科学性的重要体现。战略评估是一个涉及多学科边缘交叉的领域。本书主要目的是借鉴西方战略学界关于战略评估问题特别是战略环境评估问题的研究成果，吸收近年来政策科学和管理学相关的理论和方法，结合大战略研究的特点，系统探讨战略环境评估问题，尝试构建一个关于大战略环境评估的理论框架与方法体系。

第一章主要论述大战略评估的涵义。首先对战略的本质进行梳理和分析；在此基础上对大战略评估的内涵和定位进行论述，并阐述大战略评估在大战略筹划方面的地位和作用。

第二章主要归纳大战略环境评估的理论。战略环境评估虽然是大战略评估的重要内容，但并不存在独立的战略环境评估理论。首先分析不同战略理论学派关于战略环境评估的观点，以此为基础总结出关于大战略环境评估的主要理论观点。

第三章主要论述大战略环境的构成。进行大战略环境评估首先需要了解评估的对象。大战略环境分为国际战略环境、特定领域战略环境、战略对手和国内环境四个方面，并对每个方面的构成要素进行分析和阐释。

第四章主要论述大战略环境评估的方法。结合战略环境不同侧面，详细说明情景分析法、层次分析法、模糊综合分析法、熵值法、多元统计法等技术方法，提出了综合国力评估模型、战略对手评估模型、国家核心能力评估模型等，构建一个大战略环境评估的体系框架。

第五章主要论述战略匹配问题。战略匹配实质上是根据战略需求配置战略资源，大战略环境评估的重要目的是进行风险评估，根据风险评估确定战略需求，根据战略需求配置战略资源。在此基础上对战略匹配的方法进行阐述；最后从战略资源运用和增强两个方面，结合战略匹配的方法，列举出满足战略需求的几种战略选择。

第六章主要论述大战略评估程序。战略评估追求科学性，就必须遵循一定的流程。大战略评估流程可以分为评估准备阶段、实施阶段和结束阶段，对每个阶段需要完成的工作、应注意的问题等进行分析。

第七章主要论述大战略评估的影响因素。战略既是科学也是艺术，战略的艺术性体现在人的主观能动性上。由于人的因素，相同的评估对象、评估方法和评估程序，评估结果不一定相同。大战略评估受到许多因素的影响。分析利益需求、身份定位和安全观等因素对大战略评估的直接影响；进一步探讨实力强弱、体制制度、价值观念等因素对大战略评估的深层次影响。

最后是案例分析。主要是结合提出的评估理论和方法对2012—2020年中国周边环境演变趋势进行评估。大战略评估涉及领域较多，需要大量数据和资料，这是本书难以完成的。此部分目的不是要提供2012—2020年中国周边安全环境演变的答案，而是尝试对提出的大战略评估框架和方法进行实际的运用。

第一章
大战略评估涵义

大战略评估是大战略筹划的基础，贯穿整个大战略过程，无论是大战略的制定、实施，还是调整，都离不开大战略评估的支撑。战略环境评估属于大战略评估，是制定和实施大战略的前提。

第一节　战略的含义与本质

战略既是科学也是艺术。大战略评估是大战略科学性的体现。到目前为止，战略学界还没有一个被广泛认可的大战略评估定义。要清晰界定大战略评估，首先要了解"战略"的含义。

"战略"一词来源于军事。该词在英文中为"strategy"，在法文中为"stratégie"，在德文中为"strategie"，其语出自希腊文"strate-gia"或"strategiké"，两词来源于"stratególs"，意为将道。至少在公元六世纪东罗马皇帝查士丁尼时，战略与战术概念有了区分。战略是指将军维护领土并打败对手的方式，而战术（希腊语是"tak-tike"）从属于战略，是组织、训练和武装群众的科学。大约在公元580年，东罗马皇帝毛里斯著 *Strategikon* 一书以教育其将领，意为"将军之学"。智者列奥六世的《论战术》一书对战略和战术的定义类似查士丁尼时代。

自从罗马衰亡、西方进入中世纪后，所有这些发源于希腊的名词和观念都被遗忘，直到千余年后才又出现。法国吉伯特伯爵在《论战术》一书中提出了"战术"和"大战术"概念。他的大战术概念类似今天的战略概念。1770年法国人梅齐乐在翻译毛里斯的

Strategikon 一书时，根据其书名创造出"strategy"一词。1777 年维也纳的约翰·冯·布尔沙伊德将列奥六世的《论战术》一书翻译成德文，书名《智者列奥六世皇帝的战略和战术》。自此后，拜占庭时期出现的战略和战术概念开始传遍西方世界。①

"战略"一词成为现代西方话语体系的词汇后，一直在军事领域特别是关于战争问题的领域内使用。对战略概念演进起巨大推动作用的是英国战略学家李德·哈特。他首次系统论述了大战略概念，这是战略概念内涵首次拓展，超出了战争领域。二战后，随着军事领域与其他领域的联系日益密切，"战略"一词开始在其他领域使用，出现了诸如经济战略、政治战略、文化战略、公司战略等概念。

目前，关于战略本质问题的争论，集中在三个方面。首先，战略构成要素问题。无论何种战略概念，都强调调动资源以实现所设定的目标。克劳塞维茨认为战略就是为达到战争目的而对战斗的运用②，但对于目标性质和资源类别，不同的学者有不同的看法：（1）关于目标的性质，主要有两种观点：一种观点认为战略目标是事先规划好的、深思熟虑的，一般不会变动，战略规划学派就秉持这种观点。克劳塞维茨认为"战略必须为整个军事行动规定一个适应战争目的的目标，也就是拟制战争计划"③。另一种观点认为战略目标不是事先设计的，也不是深思熟虑的，是逐渐形成的，要随着环境的变化而变化，战略适应学派就坚持这种观点。明茨伯格强调战略不仅可以事前规划，也可以逐渐形成。他强调，真正成功的战略往往是自然形成的，这种战略事前没有明确的意图。④（2）关于资源的类别，各派学者都强调要利用内部资源和外部资源以达成目标，

① Cf. , Beatrice Heuser, *The Evolution of Strategy*, Cambridge：Cambridge University Press，2010，pp. 4 - 6.

② 克劳塞维茨著，中国人民解放军军事科学院译：《战争论（第一卷）》，商务印书馆 1997 年版，第 175 页。

③ 克劳塞维茨著，中国人民解放军军事科学院译：《战争论（第一卷）》，商务印书馆 1997 年版，第 175 页。

④ 亨利·明茨伯格著，闾佳译：《论管理》，机械工业出版社 2010 年版，第 21—22 页。

但对于两类资源的重要性则有不同的观点：一种观点认为实现战略目标的资源主要是外部资源，特别是在所涉及领域中的位置资源，战略定位学派就秉持这种观点。波特认为战略是将企业定位在能够为企业提供针对对手的最好的防卫领域。① 另一种观点认为实现战略目标的资源主要是内部资源，特别是自身的核心竞争力，战略资源学派就倡导这种观点。几乎所有军事战略理论都特别重视内部资源和能力的重要性，比如美国军事战略就强调"运用一国武装力量"来达成国家政策的各项目标②，其他国家的军事战略定义与之类似。在战略资源学派基础上，出现了战略核心能力学派。该学派认为达成战略目标的资源主要是企业产品背后的、深深根植于组织的能力，企业成功的秘诀不在于优秀的产品，而在于一套使得企业可以创造出优秀产品的独特能力。③

其次，战略的性质问题，即战略到底是计划还是行为。一种观点认为战略是计划。安德鲁斯认为战略是"确定企业的目标、意图和任务，制定实现这些目标的基本政策与计划"④。另一种观点认为战略是行为。约翰·柯林斯认为战略本质上是个行动问题。⑤ 明茨伯格指出，战略制定者的绝大多数时间不应该花费在制定战略上，而应该花费在实施既定战略上。博福尔则更进一步，指出战略的本质是行为，但又不是一般的行为，是两个对立意志之间的冲突。⑥

再次，战略的差异性问题，即为什么战略计划或行为之间存在

---

① M. E. Porter, "How Competitive Force Shape Strategy?" 转引自邹统钎等：《战略管理思想史》，南开大学出版社 2011 年版，第 63 页。

② 小阿瑟·莱克：《军事战略的含义》，载美国陆军军事学院编，军事科学院外国军事研究部译：《军事战略》，军事科学出版社 1986 年版，第 3 页。

③ 亨利·明茨伯格等著，魏江译：《战略历程》，机械工业出版社 2012 年版，第 159—160 页。

④ K. R. Andrews, *The Concept of Corporate*, Homewood：Irwin, 1971, pp. 18 – 46.

⑤ 约翰·柯林斯著，中国人民解放军军事科学院译：《大战略》，战士出版社 1978 年版，第 42 页。

⑥ 安德烈·博福尔著，军事科学院外国军事研究部译：《战略入门》，军事科学出版社 1989 年版，第 6 页。

差异，即使成功的战略也不尽相同。不同的战略理论学派对此提出了不同的解释。战略规划学派认为战略之所以存在差异，是因为战略目标不同，目标差异决定行为差异。彼得·洛朗厄认为目标就是战略，"第一阶段是目标确定，它主要是确定相关的战略选择方案，即企业作为一个整体及其所属单位前进的战略方向及目的地。"[①] 在彼得·洛朗厄看来，是战略目标的差异性导致了战略的差异性。战略适应学派认为导致战略差异的原因是环境的不确定性。该学派认为战略规划学派存在一个致命弱点，就是认为未来环境是可以预测的，但未来环境是不确定的，战略要成功必须不断调整以适应环境的变化。在战略适应学派看来，环境的不确定性是导致战略行为差异的主要原因。老毛奇强调战略是一种随机应变的系统，要随着不断改变的环境而发展。[②] 战略定位学派认为导致战略计划或行为出现差异是企业或国家主动作为的结果，不是战略适应学派所认为的被动适应环境的结果。该学派认为企业或国家在竞争中要赢得优势，就要使自身的战略与众不同，以创造一个独特的竞争位置。战略资源学派认为战略差异的根源在于所掌握的资源不同。不同的资源带来不同的利益，那些有价值的、稀缺的、难以模仿的、难以替代的资源能够带来竞争优势。其他的一些战略理论学派比如认知学派和结构学派则认为由于存在不同的信念、价值观和组织结构，导致战略出现不同。[③]

上述关于战略本质的争论，实际上涉及到战略内外因素的关系问题。战略内部因素，即战略构成要素战略目标与战略资源，战略

---

① P. Lorange, *Corporate Planning*: *An Executive Viewpoint*, Englewood Cliffs: Prentice Hall, 1980, p. 31.

② 引自钮先钟：《战略家》，广西师范大学出版社 2003 年版，第 158 页。

③ 明茨伯格提出了十大战略学派：设计学派、计划学派、定位学派、企业家学派、认知学派、学习学派、权力学派、文化学派、环境学派和结构学派。（亨利·明茨伯格等著，魏江译：《战略历程》，机械工业出版社 2012 年版，第 4 页。）国内学者邹统钎等提出了战略规划学派、环境适应学派、结构学派、资源学派四大流派。（邹统钎等：《战略管理思想史》，南开大学出版社 2011 年版。）真正有影响的战略理论学派主要是四大派：战略规划学派、战略适应学派、战略定位学派和战略资源学派。

外部因素即环境。战略要成功，必须保持战略内外因素的平衡和协调，即目标、资源与环境三者之间协调均衡。

首先，要保持战略目标与资源之间的协调，这是战略成功的基础。李德·哈特指出："在考虑任何可能性的目标时，必须要注意到它是否有实际达到的可能性"，"在决定你的目标时，一定要具有清楚的眼光和冷静的计算。'咬下的分量超过你可以嚼烂的限度'那实在是一种愚行"。① 这样的协调适应于所有的计划和行为，但战略作为对抗性的计划和行为不同于其他，其目标达成包括两个方面：保证己方目标达成和阻止对方目标达成。"战略是在一个相互冲突或相互作用的系统中活动，在这个系统中，敌对双方尽力挫败对方的企图"②。要实现此目的，就要使己方的资源优于对方，进而实现己方目标与资源之间的协调，这样的协调包括直接协调和间接协调。所谓直接协调，就是使己方的优势资源超越对方的优势资源，进而达成战略目标；所谓间接协调，是指运用己方的优势资源对付对方的劣势资源，进而达成战略目标。冷战期间美国一直在评估苏联的威胁。就苏联而言，能够对美国造成威胁的资源就是优势资源。美国为维护自身安全，针对苏联的威胁或优势资源，采取了一系列举措，维持了与苏联的均势，③ 即保持自己的优势资源与苏联的大体均衡。这种针对对方优势资源而采取的行动，就是直接协调；在冷战后期，美国针对苏联的劣势，发挥自身的优势，通过"战略防御计划"，以及拉大与苏联的技术差距等措施，给苏联造成了巨大压力，迫使其投入巨资追赶美国，而苏联的资源十分有限，最终垮台，④ 这种做法是间接协调。

---

① 李德·哈特著，钮先钟译：《战略论：间接路线》，上海人民出版社2010年版，第290页。

② 伊霍沙法特·哈尔卡比："经典战略和现代战略的理论与概则"，载美国陆军军事学院编，军事科学院外国军事研究部译：《军事战略》，军事科学出版社1986年版，第95页。

③ 理查德·鲁梅尔特著，蒋宗强译：《好战略，坏战略》，中信出版社2012年版，第24页。

④ 理查德·鲁梅尔特著，蒋宗强译：《好战略，坏战略》，中信出版社2012年版，第25页。

其次，要关注环境对目标和资源之间协调的影响。目标与资源之间实现了协调，并不意味着战略一定成功，还要注意环境对目标与资源之间协调的影响。环境是影响战略的重要因素，传统的战略思想无论是战略规划学派还是战略适应学派，都强调战略要适应环境。李德·哈特指出，在追求目标时，应适应环境，随时改变路线。① 威廉森·默里等认为战略是一个过程，要不断调整，以便在一个偶然性、不确定性和含糊性占优势的世界上适应变动的条件和环境。② 适应环境较为被动，更高明的战略是塑造环境，重视对不确定性环境的处理，使环境适应战略。"战略的本质——不论军事、外交、商业、体育或是政治——都是确立一个强有力（且充分灵活）的态势，不管外界环境怎样变动，组织都能以自己选择的方式来实现目标。"③ 无论适应环境还是塑造环境，都依赖对环境的正确分析和判断，这涉及到诸如环境由哪些要素构成，这些要素对战略有什么不同影响等问题。可以看出，导致战略出现差异，除了目标与资源存在差异之外，还有三者之间的协调一致性程度。如果目标、资源类似，三者协调性程度也相同，就会出现类似的战略，当然这是比较少见的。

第二节　大战略评估的内涵

大战略是关于国家安全问题的战略④，是一个环环相扣的链条。只有目标、资源和环境三者的协调贯穿整个链条，大战略才有可能成功，而实现和维持三者的协调，有赖于大战略评估。通过大战略

---

① 李德·哈特著，钮先钟译：《序》，载《战略论：间接路线》，上海人民出版社 2010 年版，第 4—5 页。

② 威廉森·默里等著，时殷弘等译：《导言》，载威廉森·默里等主编：《缔造战略：统治者、国家与战争》，世界知识出版社 2004 年版，第 1 页。

③ 詹姆斯·奎因著，徐二明译：《变革的战略》，载亨利·明茨伯格等：《战略过程》，中国人民大学出版社 2012 年版，第 17 页。

④ 关于大战略的含义，战略学界存在争论，参见周丕启：《大战略分析》，上海人民出版社 2009 年版，第 4—6 页。

评估及时发现并纠正可能出现的偏差和失衡，保持战略计划和实施过程中三者均衡，这样才能促成战略目标的顺利达成。

评估是一个含义比较宽泛的概念。格朗兰德认为，评估＝量或质的记述＋价值判断。"量或质的记述"就是我们常说的对事实的描述，"价值判断"就是在事实描述基础上根据一定标准做出判断。[①]在英文中，与汉语"评估"相近的词有"evaluation"和"assessment"。这两个词都有数量评定和价值评判之义，但也有差别。当侧重评定某事物的价值时，一般用"evaluation"，当侧重评定事物的数量时，一般用"assessment"。大战略评估（grand strategic assessment），就是根据一定标准对国家安全中的战略目标、资源与环境三者之间协调关系进行分析和判断。

战略包括战略制定、战略实施和战略调整三个环节。战略评估是以战略三环节为主要对象，可以分为战略决策评估、战略实施评估和战略绩效评估三种类型。第一种类型是战略决策评估，即对战略制定过程进行评估，包括战略环境评估和战略方案评估。战略环境评估是对面临的内外环境进行分析，确定威胁来源、优势和劣势，以及有利时机等。战略方案评估是对制定出的战略计划和方案的价值性、可行性、风险性等进行评估，选择最优方案。不同战略学派关于战略环境评估的看法不一样。战略规划学派是最古老的学派，该学派认为战略评估的对象就是战略规划的内容。战略规划学派认为过去的事态将延续到未来，未来的趋势是可预测的，战略的核心就是制定计划，只要战略规划圆满，战略一定会成功。战略评估主要是分析敌、我、友与环境，较少涉及战略实施和战略绩效问题。战略规划学派的代表人物钱德勒将战略规划分为四个步骤：分析外部环境条件、发展趋势、组织内部的独特条件；识别外部机遇与风险，识别组织内部的优势与劣势；决定机遇与资源的匹配；进行战略选择。显然前三个步骤都属于战略环境评估的范畴。战略适应学派认为战略评估既要评估环境，又要评估战略方案。该学派认为外部环境是变动和不可预测的，并不像规划学派所认为的那样是确定

---

① 张国庆主编：《公共政策分析》，复旦大学出版社 2004 年版，第 394 页。

的，因此战略评估的重点是外部环境的不确定性。[①] 对战略方案的评估也是适应学派关注的重点，代表人物奎因提出了有效战略的几项标准，从内容来看，基本上都是制定和选择战略方案的标准。[②] 战略定位学派重视对外部环境的评估，但聚焦的领域更为具体，不像战略规划学派和战略适应学派那样对环境泛泛而论。代表人物波特虽然承认战略评估要考虑组织内部因素和外部因素，但认为制定最佳战略的重点是分析影响产业结构的外部五种力量。[③] 与战略定位学派关注外部环境不同，战略资源学派重视内部资源的作用，强调战略评估关注的重点是内部资源或核心竞争力。代表人物鲁梅尔特对战略评估问题进行了系统论述，提出了战略评估的四项原则：一致性、和谐性、优势性和可行性。一致性是指不能制定相互冲突的目标和政策；和谐性是指企业是否创造价值；优势性是指要创造出竞争者难以模仿或复制的资源；可行性是指组织实施战略的能力问题。[④] 这些原则不仅涵盖了战略制定、战略实施，还涉及到了战略绩效。他强调战略评估是对与组织基本使命有重要关系或影响的计划或计划结果进行评估。鲁梅尔特的战略评估基本上就是战略选择评估。第二种类型是战略实施评估，即对战略执行程序和过程进行评估，包括对分支战略比如安全战略所包含的经济安全战略、政治安全战略、文化安全战略等进行评估，业务战略比如公司的营销战略、生产战略、宣传战略等进行评估等，以确定总体的目标、资源和环境三者之间的协调状况，是战略控制的一种重要方式。第三种类型是战略绩效评估，即对战略实施结果进行评估。托马斯·戴伊认为评估就是"了解公共政策所产生的效果的过程，就是试图判断这些效果是

---

① 邹统钎等：《战略管理思想史》，南开大学出版社 2011 年版，第 51 页。
② 詹姆斯·奎因著，徐二明译：《变革的战略》，载亨利·明茨伯格等：《战略过程》，中国人民大学出版社 2012 年版，第 17—18 页。
③ 迈克尔·波特著，陈小悦译：《竞争战略》，华夏出版社 2009 年版，第 1 章。
④ 理查德·鲁梅尔特著，徐二明译：《评价业务战略》，载亨利·明茨伯格等：《战略过程》，中国人民大学出版社 2012 年版，第 86—93 页。

否是所预期的效果的过程"。① 战略资源学派不仅注重对战略环境进行评估，也强调要对战略绩效进行评估。该学派认为，战略绩效评估包括战略效果评估和战略效率评估。战略效果评估是指通过比较战略实施的结果与战略目标，衡量战略实施达成战略目标的程度。战略效率评估是指比较战略收益与成本之间的情况。需要指出的是，在战略学界特别是军事战略领域，对战略效率的评估历来有两种不同的观点。一种观点以克劳塞维茨为代表，强调要不计成本地达成战略目标，他认为："有而不用比用而不当更为不好。一旦需要行动，首先就要使所有的军队都行动起来，因为即使是最不恰当的行动，也可以牵制或击败一部分敌人，而完全搁置不用的军队，在那时却是完全不起作用的。"② 另一种观点以李德·哈特为代表，强调达成战略目标，要对目标与手段之间做精确的计算，要合理地节约兵力。他实际上指出达成战略目标要注意成本问题。

第三节 大战略评估的作用

大战略评估是大战略筹划的前提。可以说，没有大战略评估就不可能规划出有效的大战略。冷战结束后，战略评估已经成为一种世界性潮流，有的学者甚至称"评估时代到来"③。世界大国无不对本国的各种战略包括大战略、国防战略和军事战略等进行评估。美国是当今世界上进行战略评估最频繁的国家，先后出台了多份战略评估报告，比如《四年防务评估报告》《核态势评估报告》《中国军力评估报告》等，《国家安全战略报告》、年度的《国防报告》等也涉及战略评估问题。其他国家如俄罗斯、日本、北约国家、印度、澳大利亚等

---

① 托马斯·戴伊著，鞠方安等译：《自上而下的政策制定》，中国人民大学出版社 2002 年版，第 203 页。

② 克劳塞维茨著，中国人民解放军军事科学院译：《战争论（第一卷）》，商务印书馆 1997 年版，第 232 页。

③ 埃贡·古贝等著，秦森等译：《第四代评估》，中国人民大学出版社 2008 年版，第 1 页。

也高度重视战略评估在大战略、国防战略、军事战略制定和实施中的重要作用。

一、大战略评估是检验大战略优劣的基本途径

传统上，我们通常采用"总结经验教训"来评估战略，毛泽东特别看重这种方式，他曾说自己是靠总结经验吃饭的①。"总结经验"是一种战略评估的方法，这种方法最大的特点是艺术性极强，难以传授和学习。在现代社会条件下，战略的制定和实施虽然仍不乏艺术性，但科学性和规范性日益增强，环境评估的科学性和规范性成为决定战略的科学性和规范性的重要因素。

战略由目标与资源构成。战略的优劣，主要衡量标准是战略实施的效果和效率。一般说来，能够高效率地达成战略目标的战略是优秀的战略，反之则是劣等战略。如何保证制定优秀的战略、避免劣等的战略，一方面要依靠科学和规范的战略制定程序，另一方面就需要科学的战略评估，及时指出和纠正战略制定和实施过程中出现的偏差，战略环境评估无疑具有这方面的作用。

对于战略的制定者和实施者来说，无不希望战略能高效率地达成目标。但是，这不是完全由战略制定者和实施者主观愿望所决定的，往往受到各种因素的影响。如何检验和评价战略的质量和水平，由谁来承担这项职能，就成为现代战略研究的主要课题，战略评估就是适应这种需要而产生的。当前，包括大战略评估在内的各种战略评估已初步形成一些较为有效的理论和方法，成为检验和评价战略优劣的基本工具。

二、大战略评估是合理、有效配置资源的重要条件

战略是对资源的分配和再分配②，但这种分配并不能保证资源配

---

① 引自李瑞环：《学哲学 用哲学》，中国人民大学出版社 2005 年版，第 122 页。

② 钮先钟：《西方战略思想史》，广西师范大学出版社 2003 年版，第 465 页。

置的正确性和有效性，需要一种特定的评价体系去检验和修正。任何一种战略所能够调动的资源都是有限的，即使大战略也是如此，因此资源配置是否合理、有效，对战略的制定者和实施者来说都具有特殊重要性，而规范的大战略评估就是正确判断、评价资源是否合理、有效配置的重要前提。通过大战略评估，能够确认战略的具体措施和行动的实际效果，即战略环境是否朝着战略所设定的目标改进，并据此决定和调整各项具体措施需要动用资源的分配顺序和数量，以确保大战略实施顺利进行。

三、大战略评估是决定战略延续或调整的关键依据

战略是有计划的行动，这种行动基本上有三种取向：（1）战略延续，即战略实施一个阶段后，目标没有完全达成，而实践证明战略本身是卓有成效的，原有战略就需要继续执行或存在下去。（2）战略调整，即战略制定者针对战略实施过程出现的新情况和新变化，对战略进行调整和修正。（3）战略终止，即完全停止战略的实施，战略终止一般有两种原因：一种是战略目标达成，战略已没有继续存在的必要；另一种是环境发生变化，或者既有战略存在重大缺陷，难以改进，只有制定新的战略来替代。[①] 无论哪种取向，都需要建立在对战略进行全面、系统的分析基础之上，这也是战略评估作用的直接体现。大战略的最终结果是应对威胁，营造有利的环境。通过战略环境评估，就可以检验事先的战略是否改变、营造了有利的态势和环境。如果环境有利，说明事先的大战略有效，可以继续执行；如果环境不完全有利，说明事先的大战略效果不明显，需要调整；如果环境完全不利，说明事先的大战略无效，应该终止。

四、大战略评估是强化相关组织及其成员责任感的主要手段

战略是相关组织内部协调、博弈的结果。在战略制定和实施过

---

① 周丕启：《大战略分析》，上海人民出版社 2009 年版，第 238—239 页。

程中，组织内部的部门往往只关注自身利益，忽视其他部门或组织的整体利益，[①] 从而对制定合理的战略产生不利的影响。大战略评估是对组织所有部门而不是单个部门工作绩效的检验和评价。规范和有效的战略评估将对相关组织实施的战略的有效性和合理性确立明确的衡量标准，有助于加强组织内各个部门及成员的责任感。缺乏有效的评估机制，一旦出现战略失误，即使较小的偏差，不仅会给组织带来巨大损失，而且难以查出真正的原因，难以明确相关的责任，更无从借以改善组织的内部管理。对于一个正在崛起的大国来说，建立有效的大战略评估机制更为重要。通过有效的大战略评估，可以协调国家相关部门之间的关系，增强成员的责任感和凝聚力，促使其为了实现共同目标而努力。

---

① 王鸣鸣：《外交政策分析：理论与方法》，中国社会科学出版社 2008 年版，第 112 页。

第二章
大战略评估理论

　　大战略评估虽然受到重视，但到目前为止并不存在独立、系统的大战略评估理论。在大战略评估中，战略环境评估是重要的组成部分。不同战略理论学派对战略环境评估有不同的观点，将这些观点归纳起来，就可以形成系统的大战略环境评估理论。

第一节　战略评估的历史演进

　　战略评估古已有之。人类自有战争之日起，就有评估，就出现了战略评估活动。到目前为止，战略评估包括评估活动和评估理论的历史可以分为三个阶段：

一、"描述性"战略评估时期

　　第一个阶段是中国古代和西方第一次世界大战以前的战略评估时期。严格意义上讲，这一时期并不存在系统的战略评估，关于战略评估的观点包含在军事战略理论中。该时期的战略评估重视对影响战略目标达成的关键因素的评估，其特点是粗略性、概略性，代表是《孙子兵法》提出的"校之以计而索其情"。"较之以计"是用量化的方法评估双方的兵力，通过"度、量、数、称、胜"来评估战争的胜负。"索其情"是五事七计，孙子认为决定战争胜负的重要因素是"道、天、地、将、法"，指出通过考察"主孰有道，将孰有能，天地孰得，法令孰行，兵众孰强，士卒孰练，赏罚孰明"，就能够知道谁会获胜。孙子的"校之以计而索其情"的评估虽有数量的计算或者说量化的考虑，但基本上以定性描述为主。

在西方，有记录的最早比较系统的"描述性"战略评估是修昔底德在《伯罗奔尼萨战争史》中记载的斯巴达国王阿基达马斯关于斯巴达与雅典之间实力对比的分析。阿基达马斯指出了雅典在海上经验、装备、财富等方面占有优势，有船舰、骑兵和重装步兵，人口也比希腊任何其他地方多，还有许多纳贡的同盟。斯巴达的长处是重装步兵和实际人数，不足是海军，在战争中无法切断雅典海上物资运输。[①] 西方典型的"描述性"战略评估是克劳塞维茨的《战争论》。克劳塞维茨认为战略的构成因素包括精神要素、物质要素、数学要素、地理要素和统计要素。强调精神要素贯穿在整个战争领域，同推动和支配整个物质力量的意志紧密地结合在一起，意志不能表达为数字，也不能分成等级。[②] "描述性"战略评估主要特点为：

（一）定性为主

"描述性"战略评估虽然涉及到量化评估，但量化方法不明确，在整个评估体系中也不占据主导位置。比如官渡之战前郭嘉提出的关于曹操与袁绍之间十个方面的比较，即道、义、治、度、谋、德、仁、明、文、武。这十个方面基本上都是定性描述，没有量化分析而且也难以量化。

（二）评估范围集中于影响战争胜负的因素

"战略"是一个西方概念，第一次世界大战之前其内涵只是与战争相关。在中国古代与之相对应的词是"方略"，但"方略"的外延比"战略"的广，相当于西方近代以来的"大战略"概念。从词源上讲，战略评估在西方意味着只对与战争胜负相关事项的评估。在中国古代，战略评估不仅是与战争胜负相关因素的评估，还包括

---

① 修昔底德著，谢德风译：《伯罗奔尼萨战争史》（上），商务印书馆2004年版，第65—68页。

② 克劳塞维茨著，中国人民解放军军事科学院译：《战争论（第一卷）》，商务印书馆1997年版，第185、187页。

影响国家之间竞争状况因素的评估,这种评估被称之为"量权",《鬼谷子》就提出了量权的八个方面。① 在西方,法国大革命以前战争被认为是有限的,② 战略评估主要是战争实力特别是兵力的评估。拿破仑战争后,战争的规模越来越大,从全面动员逐渐发展到总体战,战略评估的范围也逐渐扩大,克劳塞维茨提出进行战争"必须考虑敌我双方的政治目的;必须考虑敌国和我国的力量和各种关系;必须考虑敌国政府和人民特性,它的能力,以及我方在这些方面的情况;还必须考虑其他国家的政治结合关系和战争可能对它们发生的影响"③。即便如此,战略评估主要还是围绕影响战争胜负因素进行。克劳塞维茨就强调评估上述关系的目的是判断即将来临的战争、战争可以追求的目标和必要的手段。

(三) 关注重点是战前环境和力量对比,忽视对结果的评估

一战前,由于战争规模总体有限,战争或战略决策体制大多是君主制,国家战争决策机构较为简单,影响战争胜负的因素有限,而且战略追求的目标是通过会战打败对手,因此这一时期战略评估的焦点是围绕战前敌我实力、强弱情况进行,较少涉及到决策过程、决策体制、战略实施和战争效果的评估。

二、"测量性"战略评估时期

第二阶段是第一次世界大战到 20 世纪 70 年代的"测量性"战略评估时期。这一时期战略评估开始系统化,评估对象和内容有了拓展,不仅涉及军事战略评估,也涉及大战略、国家战略的评估,评估开始讲求科学化和可量化。战后,随着管理科学的发展和行为

---

① 《鬼谷子·揣篇》。量权的八个方面包括货财、人口饶乏;地形险易;谋略长短;君臣亲疏;与宾客关系;天时吉凶;与诸侯之交;百姓之心等。

② Beatrice Heuser, *The Evolution of Strategy*, Cambridge: Cambridge University Press, 2010, p. 97.

③ 克劳塞维茨著,中国人民解放军军事科学院译:《战争论(第三卷)》,商务印书馆 1997 年版,第 864 页。

主义的兴起，战略评估出现了重大转向：

（一） 战略评估活动日益受到重视，出现了所谓的评估研究

20 世纪 30 年代社会科学家开始致力于用严格的研究方法评估社会项目，由此系统的评估活动越来越频繁。例如，列文（Lewin）开创性地对"行为研究"的研究，李普特（Lippitt）和怀特（White）对民主和集权领导的研究，都是影响广泛的评估研究。从这些开创性研究开始，应用社会研究迅速兴起和发展。第二次世界大战期间，应用社会研究的贡献尤其明显。斯托夫（Stouffer）及其同事与美国军队一起，研究了如何检测士兵士气、评估人格的策略等，这些研究成果被美国战争情报机构用来检测军人的士气。二战后，评估活动和评估研究更加流行，社会科学家忙于从事各种项目的评估，评估活动和评估研究不仅在美国、欧洲等发达国家，在不发达国家也较为普遍。到 20 世纪 70 年代，评估研究已经成为社会科学的一个重要研究领域，正如美国学者所说的，"评估研究已经成为美国社会科学中最有活力的前沿阵地"[1]。

受社会科学领域评估研究的影响，战略学界开始重视对战略评估的研究和应用。1961 年麦克纳马拉出任美国国防部长，这位福特汽车总裁将现代企业管理思想引入国防部。他强调，管理是社会、经济和政治变革的大门，其渗透到社会每一个角落，切实地在生活中每一个方向发挥作用。他在对美国国防部进行企业化改革的同时，高度重视战略规划和战略评估。他协助肯尼迪总统评估了前任总统艾森豪威尔的大规模报复战略，在此基础上制定了新的战略，被称为"灵活反应战略"，又称肯尼迪—麦克纳马拉战略。受此影响，美国战略学界及其他国家的战略学界开始加强战略评估问题的研究。

（二） 借鉴管理学科和其他学科的知识和方法，追求评估的系统性和精准性

战后，战略学界一个突出的现象是文人战略学家的涌现，这些

---

① L. J. Cronbach, et al., *Towards Reform of Program Evaluation*, San Francisco: Jossey – Bass, 1980, pp. 12 – 13.

战略学家来自不同的领域，研究方法也存在极大差异，除了传统的历史方法外，许多新的科学方法和工具被采用，比较流行的是数理统计与分析方法，这在核战略评估方面最为明显。在其他领域，量化趋势也在加强，麦克纳马拉就将统计学的系统分析方法引入美军的战略规划和战略评估。应用最广泛的是系统方法，该方法注重把问题拆分成一个个要素，让背景不同的专家来分析解决这些要素。麦克纳马拉用这套方法创建了一整套国防管理体系。系统方法的代表是克莱因的综合国力评估。1977 年美国前中央情报局副局长克莱因在《世界权力的评估》中提出了"国力方程"，用量化的方法对国力进行分析。他认为一个国家的国力主要由五个要素构成：基本实体（Critical Mass）（人口和领土），经济能力（Economic Capability），军事能力（Military Capability），战略意图（Strategic Purpose），贯彻战略的意志（Will to Pursue National Strategy）。国力方程 P = (C + E + M) × (S + W)。他对每项要素提出量化标准，并据此对1975 年、1977 年和 1978 年一些主要国家的国力进行了评估。[①]

三、"判断性"战略评估时期

第三阶段是 20 世纪 80 年代至今"判断性"战略评估时期。"描述性"战略评估和"测量性"战略评估本质上都强调将评估对象客观化，重视评估的价值中立。但依据这种价值中立和量化方法做出的战略评估，其战略效果往往事与愿违，典型的例子就是 20 世纪 60年代末和 70 年代初美国在越南战争中赢得了绝大多数军事胜利，却没有赢得政治战略的胜利。正如基辛格指出的，"统计数字对人们只能在一定程度上发挥作用，到了这个限度以外起决定作用的是更带根本性的价值。归根结蒂，军事这一行业就是克敌制胜的艺术，这一点在我们这个时代比在过去需要更仔细的计算，但是，也要靠一

---

① 黄硕风：《综合国力论》，中国社会科学出版社 1992 年版，第 21—29页。

些难以用数量计算的基本的心理因素。"① 这一时期战略评估出现了三种趋向：

一种趋势是部分学者继续推行战略评估的量化方法，但量化的对象更加具体，更有针对性和动态性，其代表是近年来在美国战略学界影响比较大的"净评估"。净评估的核心是排除假象和虚像、干扰因素和次要因素之后，运用比较分析方法，对国家（地区）军事和安全领域问题进行多学科分析，目的是分析判断与竞争对手之间的不对称性。该理论提出的评估指标更为集中，针对性更强。净评估内容不全是量化，但以量化为基础，量化更具有针对性。

净评估理论与系统评估理论的比较

项　目	净评估理论	系统评估理论
代表人物	安德鲁·马歇尔	雷·S. 克莱因
研究方式	敌对双方各项指标分别对比，并在交互作用的动态中研究	逐个国家研究，以此进行实力排序
研究方法	场景分析方法、假想敌制敌、模型模拟工具	数学模型
主体内容	主体是军力，仅研究国力要素中与军力相关的部分	主体是国力研究，军力只是国力的构成部分
时空状态	既针对现状，也考虑过去和未来，动态研究	针对现状，静态研究

另一种趋势是对过分量化的纠正，开始重视价值、观念、制度等主观因素的作用。过分专注和强调量化分析导致了严重的结果，致使那些难以量化的要素被忽视，像动机、希望、仇恨、勇气等这些无形的东西就无法用数据衡量。麦克纳马拉在回忆录中总结越南战争失败的原因时就承认："我们没能认识到现代高科技武器的局限性和能高度激发人民运动的政策的作用"。比如综合国力的评估，阿什利·泰利斯等认为传统的方法——克莱因国力方程式存在两个方

---

① 亨利·基辛格著，陈瑶华等译：《白宫岁月》（第一册），世界知识出版社 2003 年版，第 43 页。

面的不足：首先是传统方法聚焦于国家排序，提出了解释全球实力分配的"广泛"而非"细致"的画面，无法对具体目标国家予以详尽分析。其次，在描述政府能力时，大多数传统指标没有将"质性"因素纳入其中，而后者可能是最重要的变量。阿什利·泰利斯等提出了衡量国家实力的三类要素：国家资源、国家绩效和军事能力。国家资源和军事能力包含了许多可量化的指标，而国家绩效中的观念资源难以量化，但作用不容忽视。① 20 世纪 70 年代初，美国国防部发展出"政治军事模式"，包含许多非定量性的变量，弥补之前仅重视可量化武器硬件评估的不足。

第三种趋势是强调不仅仅要对事实进行描述或测量，还要做出价值判断和工具判断。维克斯认为完整的评估系统包括事实判断、价值判断和工具判断。事实判断是指关于"是什么"或"可能是什么"的判断；价值判断是指"应当是什么"或"不应当是什么"的判断；工具判断则是指减少"是什么"与"应当是什么"之间不匹配情况的最佳手段的判断。② 显然，"描述性"评估和"测量性"评估基本上属于事实判断。事实判断主要是说实话、摆事实，"是什么就说什么"或"顺其自然"，评估者没有道德义务对评估中所显示的内容或结果的使用情况负责。③ 但现实的情况是，战略评估要发挥真正的决策作用，就不能仅仅满足于对现状做出"描述"或"测量"，还需要提出"理想状况"，并指出"现状"与"理想"之间的差距以及缩小差距的战略性方法，即所谓的价值判断和工具判断，这在美国的《四年防务评估报告》中体现的尤为明显。《四年防务评估报告》是一份战略评估报告，主要包括安全环境现状评估、军事力量现状评估、未来防务战略及对军事力量要求的评估、缩小现状与未来防务战略要求之间差距的建议。其中安全环境现状评估、

①　阿什利·泰利斯等著，门洪华等译：《国家实力评估：资源 绩效 军事能力》，新华出版社 2002 年版。

②　杰弗里·维克斯著，陈恢钦等译：《判断的艺术》，中国青年出版社 2004 年版，第 18—24 页。

③　埃贡·G. 古贝等著，秦霖等译：《第四代评估》，中国人民大学出版社 2008 年版，第 14 页。

军事力量现状评估是事实判断；未来防务及对军事力量要求评估是价值判断；缩小现状与未来要求之间差距的战略性建议则是工具判断。《四年防务评估报告》是将实事判断、价值判断和工具判断三者有机结合的战略评估典型。净评估虽然强调诊断，不提出建议，但美国官方和民间发布的多份净评估报告，还是提出了对策建议。

第二节　战略学派与环境评估

大战略评估的重要内容是战略环境评估。不同战略理论学派对于战略评估有不同的看法，这些战略理论学派在论述战略评估时，都提出了各自的关于战略环境评估的观点。

一、战略规划学派关于环境评估的观点

战略规划学派是古典战略学派。该学派的核心思想是强调资源与机会的匹配，代表人物安德鲁斯就认为战略是要让企业或国家自身的条件与所遇到的机会相适应。他指出做好战略规划的前提是评估内部和外部环境。外部环境包括社区、国家与世界的政治、经济、社会与技术等对公司经营有影响的相关因素，即企业的竞争环境与发展的外部限制，尤其重要的是分析顾客的需要与竞争对手的情况。内部环境包括企业财务、管理及组织方面的能力及公司的声誉及历史。外部环境分析的落脚点是威胁和机遇，内部环境分析的落脚点是公司的强弱所在。

战略规划学派认为战略是明确的、详细的、常规性的未来计划。过去的趋势将在未来延续，新的趋势与不连续性是可以预测的。企业和国家的外部环境是相对稳定、无剧烈变化的。战略规划学派认为战略制定和战略实施是两个不同阶段，战略制定是"分析性的"，主要是分析判断战略环境。

战略规划学派提出的战略环境评估方法主要是SWOT。SWOT是英文strengthen（优势）、weak（弱点）、opportunity（机遇）和threat（威胁）的缩写。SWOT体现出的逻辑为战略是实现优势与机遇匹

配，避免威胁、克服劣势。该分析方法最早由美国哈佛大学商学院安德鲁斯在 20 世纪 60 年代提出。一经提出立即为战略学界所接受，成为战略学界评估战略环境的主要工具。当然，SWOT 只是一个大的框架，对于应包含的选项不同的学派有不同的设定，在不同的领域又有不同的设定。SWOT 存在不足：一是只是罗列选项，没有比较和评价，缺乏根据重要性对选项进行轻重缓急排序。由于缺乏优先排序，有可能导致出现小的机遇与大的威胁被看成同等重要的情况。二是认为机会和威胁只存在于外部环境，优势和劣势只存在于内部环境，忽视了内部环境与外部环境之间的联系。实际上，企业或国家的优势和劣势可能出现在外部环境，机会和威胁也可能出现在内部环境。SWOT 方法在忽视内部条件影响的情况下来分析外部机会和威胁，导致的结果就是：看到的机会不一定有能力得到，遇到的威胁不一定有能力规避。基于上述原因，有学者认为 SWOT 不是一种真正的战略环境分析方法。

针对 SWOT 分析中只是罗列选项，缺乏说明选项重要性的不足，有的学者提出了 EFE（外部因素评价矩阵）、IFE（内部因素评价矩阵）、CPM（竞争态势矩阵）等分析矩阵，以弥补其不足。EFE 矩阵主要分析企业或国家面临的外部政治、经济、文化等要素。该方法的目的是通过赋予外部要素的权重，来区分外部要素的主次轻重。建立 EFE 矩阵的步骤：列举主要外部要素，这些要素分为面临的机遇和威胁两大类；赋予每个要素权重（0—100%），所有要素权重之和为"1"，确定权重的依据是该要素对企业或国家可能产生的影响，赋予权重的方法是美国运筹学家萨特（T. L. Saaty）教授于 20 世纪 70 年代提出的层次分析法；根据企业或国家对外部重要要素的反应状况为这些要素评分，评分反映的是企业或国家的有效性；每个要素的权重乘以评分，即得到每个要素的加权分数，将所有要素的加权分数相加，得到企业或国家外部要素的分数。比较机遇和威胁的分数，就能看出企业或国家面临的外部环境情况。

IFE 矩阵主要分析企业或国家内部的优势和劣势。建立 IFE 矩阵的步骤：列举已经识别出的内部优势和劣势，按照每一内部要素对企业或国家影响的大小，赋予一定的权重；对每一要素进行评分；计算每一要素的加权分数，即每一要素的权重乘以评分；将所有要素的加权分数相加，即为内部要素的评分值，分值越高，内部优势明显，分值越低，内部劣势越明显。

　　CPM 矩阵主要是分析企业或国家及其主要竞争对手在相关领域关键因素上的优劣差异。建立 CPM 矩阵的步骤：确定关键要素的权重；对自身及对手的每一个要素进行比较评分；分数乘以权重计算每项要素的加权值；合计各项加权值得出总加权分，通过总加权分进行比较，判断自身与对手在相关领域的战略地位。

　　针对 SWOT 对环境分析太过笼统的缺点，有的学者提出了波士顿矩阵、SPACE 矩阵和大战略矩阵等分析方法。波士顿矩阵又称增长/份额矩阵，是波士顿咨询公司创始人布鲁斯·亨德森于 1970 年首创的用于分析企业战略环境的方法。波士顿矩阵将内外环境结合起来，分析了企业或国家在不同领域的地位情况。该方法的主要依据是该领域的发展情况，以及企业或国家在该领域中所占分量和发挥的影响。波士顿矩阵将企业或国家面临的不同领域分为逐渐有利的领域（明星领域）、有问题的领域（问题领域）、最为有利的领域（主导领域）和越来越不利的领域（衰退领域）四大类，这四类领域构成企业或国家面临的总体环境。所谓逐渐有利的领域，是指企业或国家地位和影响力逐渐增强的领域；所谓有问题的领域，是指企业或国家在其中地位不强，但影响力逐渐增强的领域；所谓最为有利的领域，是指企业或国家地位和影响力稳定的领域；所谓越来越不利的领域，是指企业或国家地位不稳定、影响力下降的领域。与 SWOT 分析方法相比，波士顿矩阵的优点在于将自身的优势和劣势，即企业或国家在相关领域中的地位和作用，与外部的机遇和威胁相结合进行分析，对面临的环境进行具体分类。与波士顿矩阵类似的是 GE 矩阵，又称行业吸引力矩阵、通用电气公司法、麦肯锡矩阵等，是美国通用公司 20 世纪 70 年代针对波士顿矩阵的不足而提出的，主要是增加了指标数量。

　　SPACE 矩阵又称战略地位与行动评价矩阵（Strategic Position and Action Evaluation Matrix），主要分析企业或国家面临的外部环境及应采取的战略行动。SPACE 矩阵选定了两组变量：内部变量为财务优势和竞争优势，外部变量为环境稳定性和产业优势。财务优势包括投资收益、杠杆比率、偿债能力、流动资金、退出市场的方便性、业务风险；竞争优势包括市场份额、产品质量、产品生命周期、用户忠诚度、竞争能力利用度、专有技术知识、对供应商和经销商的控制；环境稳定性包括技术变化、通货膨胀、需求变化性、竞争产品的价格范围、市场进入壁垒、竞争压力、价格需求弹性；产业优势包括增长潜力、盈利能力、财务稳定性、专有技术知识、资源利用、资本密集性、进入市场的便利性、生产效率和生产能力利用率。与 SWOT 不同，SPACE 矩阵强调企业或国家要根据自身的优势，结合外部环境的特点，以制定相应的战略。

战略规划学派其他分析工具主要是大战略矩阵，但大战略矩阵侧重的是战略匹配问题，而不是战略环境分析。战略规划学派在战略环境评估方面存在一些不足：一是认为环境是稳定的，未来环境是可以预测的。罗德·内皮尔等指出，战略规划学派通常基于这样的假设，即只要拥有足够多的数据和研究资料，未来就是可预测的。但是世界是十分复杂的，不可能完全理解所有行为的后果，不可能精确地预测未来。[①] 建立在这种基础之上的战略只能应付变动环境中的不变部分，而对于突发事件就难以处理。二是战略规划学派重视环境对组织的影响，将战略看成是组织对环境的简单、被动式的反应，忽视组织与环境之间的互动、相互影响。该学派强调战略是现有资源与未来机遇的匹配，并不注重改造环境、创造机遇以及增强自身资源和能力以实现战略目标。从某种角度看，战略规划学派强调组织作为一个游戏规则接受者在既定环境中竞争，较少强调如何发挥主观能动性、刻意发展某种能力或某种别人无法代替的资源来赢得竞争优势，因而是一种非主动的、非创造性的战略思想。三是战略规划学派将规划看成是一件一劳永逸的事，而非过程。该学派将战略制定与战略实施分解，强调战略制定应该深思熟虑，有明确的战略目标、有效的手段和路线图，然后以清晰的战略目标为指导，有序地推进自己的战略行动。正如明茨伯格所指出的："几乎所有对战略制定的书面阐述，都把它形容成一种深思熟虑、有意为之的过程。我们先思考，再行动；我们先

---

① 罗德·内皮尔等著，屈云波等译：《战略规划的高效工具与方法》，企业管理出版社 2011 年版，第 5 页。

阐明，再执行。"① 但实际上，战略不仅可以事前规划，也可以逐渐形成，而且随着战略实施，还需要对既定战略进行修正和调整，战略不可能一劳永逸和一成不变。

二、战略适应学派关于环境评估的观点

战略规划学派盛行于 20 世纪 60 年代，至今仍具有重要影响。但到 20 世纪 70 年代，随着国际环境急剧变化，企业或国家面临的外部环境变动不居，战略规划学派的理论假设受到怀疑，以强调环境不确定性为基础的战略适应学派应运而生。战略适应学派的核心观点是认为企业或国家应当是一个动态的、开放的系统，与环境是互动的。随着环境的变动，既定的战略将出现偏差，这就需要对战略进行不断调整，或制定新的战略。该学派关于环境的观点主要有：（1）环境具有很强的不可预测性，任何综合性的战略都难以应付不断变化的环境。面对变化的环境，企业或国家必须快速做出反应，仅靠原先的计划是不行的。（2）决策者自身能力是有限的，接受的信息是不完全的，决策者不可能制定出包罗万象、能够应对所有突发事件的战略。（3）战略规划不是制定计划，而是一个不断改进和学习的过程，是自身想法不断调整的过程。

战略适应学派的分析方法比较少，主要集中于外部环境分析方面，代表性的分析方法有 SMFA、战略不确定性评估矩阵以及情景分析法。SMFA 即分析外部环境四步骤法：审视（Scanning）、监控（Monitoring）、预测（Forecasting）和评估（Assessing）。战略要适应环境的变化，首先要求战略的制定者企业或国家对环境变化很敏感。"审视"是确定环境变化与趋势的早期信号，对那些模糊的、不完全的、不确定的信息加以处理。审视环境对于那些处于高度不稳定环境的企业或国家来说极为重要。通过审视，这样的企业或国家就可以事先进行预警来防止自身出现危机。"监控"是通过不断观察环境的变化来确定重要的趋势是否出现。"预测"是根据监控到的环境变

---

① 亨利·明茨伯格著，闫佳译：《明茨伯格论管理》，机械工业出版社 2010 年版，第 21 页。

化趋势来确定可能出现的结果。战略适应学派虽然认为环境变化不可预测，但强调借助试错的方法先预测，错了再改，在对环境严密监控的情况下，不断修正自己的预测。"评估"是在对环境预测的基础上，分析确定环境变化对企业或国家的重要性和紧迫性。SMFA的核心是确定企业或国家面临的机遇和威胁，但强调的是动态分析，非一蹴而就。

战略不确定性评估矩阵主要是对环境不确定性进行分类，并对这些不确定性的重要程度进行评估，以便确定轻重缓急。战略不确定性评估矩阵提出了评估外部环境的两项指标：一是重要性，包括以下几个方面：（1）未来的趋势或某事件对企业或国家的影响程度；（2）相关领域对于企业或国家的重要程度。二是紧迫性，包括以下几个方面：（1）未来趋势或事件发生的可能性；（2）未来趋势或事件发生的时间紧迫性。三是两者组合。将重要性与紧迫性相结合，形成四种组合，针对不同的组合，选取不同的应对策略：（1）影响大、紧迫性强的趋势或事件，策略是深入分析并及时重点应对；（2）影响大、紧迫性弱的趋势或事件，策略是监控、分析；（3）影响小、紧迫性弱的趋势或事件，策略是监控；（4）影响小、紧迫性强的趋势或事件，策略是监控、分析并及时应对。

情景分析法，又称脚本分析、虚拟预景法、预景规划法等，是根据经济、政治、军事和社会等重大变化趋势提出各种关键假设，然后根据这些假设，通过对未来详细、严密地推理和描述来构想未来各种可能的情景。情景分析法最早应用于军事领域，20世纪40年代末美国兰德公司对核武器可能被敌对国家利用的各种情形进行描述，这是情景分析法的开始。1967年美国学者赫尔曼·康恩等出版的《2000年：未来30年的思考框架》一书，指出未来是多样的，几种潜在的结果都有可能在未来出现，通向这种或那种未来结果的途径也不是唯一的，对可能出现的未来以及实现这种未来的途径进行描述就构成一个"情景"。康恩指出，"情景"就是对未来情景以及使事态由初始状态向未来状态发展的一系列事实的描述。该书是情景分析法发展演变的里程碑。到目前为止，情景分析法流派众多，主要包括直觉逻辑学派、远景学派和概率修正趋势学派等。[①] 情景分析法的主要特点：一是承认未来环境是不确定的，有多种可能发展的趋势，其预测结果是多维的；二是注意将决策者的意图和愿望作为情景分析的一个重要方面。采用情景分析法的具体步骤：（1）明确决策的焦点。确定决策内容，找出决策的焦点。所谓决策焦点，即所要处理的重点和难点问题。作为决策焦点必须具备两个条件：重要性和不确定性。决策者必须将精力集中于几个最重要的问题上，而且这些最重要问题的演变趋势是不确定的。（2）判别关键因素。找出影响决策成功的关键因素，主要是直接影响决策的外部环境因素，包括政治、经济、社会、技术等层面，以确定影响决策的关键因素的未来状态。有些因素如人口、价值观等在特定时间内不会有大的变化，但也应将它们识别出来。（3）划分不确定性的类别。将外在驱动力按照影响程度和不确定程度两项指标，划分为高、中、低三个类别。在影响程度严重、不确定性高的类别中，选择两到三个情景，作为情景内容的主体构架。（4）描述情景。对所选定两到三个情景进行细节描绘，充实情景梗概。情景数量不宜过多，实践证明，管理者所能应对的情景最多为三个。[②]

战略适应学派虽然改进了战略规划学派对战略环境认识的缺陷，但自身也存在明显不足：一是战略适应学派将环境看成是瞬息万变、不可预测的，认为战略应该随着环境变化而变化，这就否定了战略的长期性和稳定性。比如战略适应学派的代表人物明茨伯格就认为战略是意外的产物，是企业或国家应对环境变化所采取的应急措施的总结。二是战略适应学派认为企业或国家与环境之间相互交融、相互渗透，但认为环境对企业或国家具有决定性作用，是环境迫使企业或国家进入特定的位置，从而影响战略，这就从根本上否认了企业或国家自身主动进行战略制定和实施。三是战略适应学派只是强调要适应外部环境，但对于不同的环境如何适应，如何选择环境

---

① 娄伟："情景分析方法研究"，载《未来与发展》2012 年第 9 期，第 17—27 页。还可参见娄伟：《情景分析理论与方法》，社会科学文献出版社 2012 年版。

② 岳珍等："国外'情景分析'方法的进展"，载《情报杂志》2006 年第 7 期。

或领域，如何与对手竞争，没有给出明确的回答。

三、战略定位学派关于环境评估的观点

战略规划学派和战略适应学派都认为影响战略制定和实施的外部环境是综合性的，涉及政治、经济、社会、文化、技术等众多领域，战略定位学派则在肯定综合性环境作用的同时，更重视最具影响的具体领域的作用，比如政治、经济、军事、技术等众多领域都影响到国家安全环境，但每个领域的影响各不相同，只有一个或几个领域作用最突出。战略定位学派的代表人物迈克尔·波特指出："尽管相关环境的范围广阔，包含着社会的，也包含着经济的因素，但公司环境的最关键部分就是公司投入竞争的一个或几个产业。"① 战略定位学派的典型代表人物是肯尼思·华尔兹的结构现实主义。华尔兹认为影响国家战略行为的主要因素是国际体系结构，"结构鼓励某些行为，惩罚那些背道而驰的行为。"② 国际体系结构由单元排列原则、单元功能分工、单元能力差异构成。华尔兹认为国际体系单元排列原则是无政府原则，单元功能相似，因此，国际体系结构主要体现在能力差异方面，即国家力量的差异和对比，排除了国家其他方面比如文化、意识形态方面的作用。

战略定位学派认为战略制定应重点考虑两个方面的因素：一是分析外在环境的结构。竞争战略必须将企业或国家与其所处的环境相联系，而行业领域是企业或国家所处的最直接环境。制定战略应从分析行业结构开始。迈克尔·波特指出："理解行业结构永远是战略分析的起点"。结构现实主义认为分析外部环境即国际体系结构，主要是看国家力量对比关系，是单极、两极，还是多极。二是确定企业或国家在相关领域中的有利地位，即在一个选定的领域内取得并保持相对优势的竞争地位。战略定位学派的代表人物杰克·特劳

① 迈克尔·波特著，陈小悦译：《竞争战略》，华夏出版社 2009 年版，第 3 页。

② 肯尼思·华尔兹著，信强译：《国际政治理论》，上海人民出版社 2003 年版，第 141 页。

特认为，战略就是针对敌人确立最有利的位置。① 结构现实主义认为制定国家战略的第二步是分析确定国家在国际体系中的地位，是大国、强国，还是一般国家或小国、弱国。

战略定位学派认为同一领域内的大多数企业或国家拥有类似的战略资源，实施战略所需要的资源可以在企业或国家间自由流动，相互间的资源差异只是暂时的。企业或国家要想赢得竞争优势，关键不在于资源的差异，而在于领域的差异，为此企业或国家应该采取"差异化""低成本"和"集中化"三种战略中的一种，任何脚踏两只船的战略最终都将失败。

战略定位学派的分析方法主要有：S－C－P分析框架、PIMS分析框架、五力模型、价值链和钻石模型。涉及环境分析的主要是S－C－P分析框架、PIMS分析框架和五力模型。

S－C－P分析框架即结构（Structure）、行为（Conduct）、绩效（Performance），最早由美国哈佛大学的谢雷尔（F. M. Scherer）提出。SCP分析框架从特定行业结构、企业行为和绩效收益三个角度来分析外部的影响。一是行业结构，主要指外部行业结构对企业或国家所在行业和领域可能造成的影响，包括行业竞争的变化、产品需求的变化、细分市场的变化等。二是企业行为，主要是某些企业或国家针对外部行业结构的变化，可能采取的应对措施，包括企业或国家对业务单位的调整、业务的扩张和收缩、行为方式的变化以及管理变革等一系列变动。三是绩效收益，主要是业务结构和企业或国家行为变化可能引起企业经营利润和成本、市场份额等方面的变化趋势。上述三个方面构成了SCP分析外部环境的整体框架。

PIMS分析框架是Profit Impact of Market Strategies的缩写，又称绩效与战略分析。1972年萧佛勒（Sidney Schoeffler）、巴泽尔（Robert D. Buzzel）、盖尔（Bradley T. Gale）和西尼（Donald F. Heany）提出该方法，目的是找出市场占有率对一个经营单位的业绩到底有多大的影响。PIMS主要是通过建立数据库，采集大量数据，并对数

---

① 杰克·特劳特著，火华强译：《什么是战略》，机械工业出版社2011年版，第19页。

据进行归类来进行分析。主要包括五类数据：一是外部环境特征，包括长期市场增长率、短期市场增长率、产品售价、顾客的数量及规模、购买频率和数量；二是自身在市场中的地位，包括市场占有率、相对于竞争对手的产品质量、相对于竞争对手的产品价格、相对于竞争对手的市场营销能力、市场细分模式、新产品开发率等；三是生产过程的结构，包括投资强度、生产能力利用程度、设备的生产率、劳动生产率、库存水平等；四是可支配的预算分配方式，包括研究与开发费用、广告与促销费用、销售人员的开支等；五是经营单位的业绩，包括投资收益率、现金流量等。其中涉及到环境评估的主要是前两项，即外部环境特征以及自身在市场中的地位。

五力模型是迈克尔·波特提出的用以分析产业或行业结构的框架。迈克尔·波特认为战略环境评估主要包括两项内容：一是产业结构分析。波特认为产业结构是构成战略环境的关键要素，决定了产业的竞争状态。产业结构由五种力量决定，即潜在进入威胁、替代品威胁、客户价格谈判能力、供应商价格谈判能力、现有竞争对手的竞争。所谓潜在进入威胁，是指新进入者在给产业带来新生产能力、新资源的同时，由于希望在已被现有企业瓜分完毕的市场中赢得一席之地，这就可能与现有企业发生竞争，最终导致产业中现有企业盈利能力下降，甚至威胁现有企业的生存。所谓替代品威胁，是指不同的企业由于生产的产品互为替代品，因此相互之间存在竞争，这种源自替代品的竞争将影响产业中现有企业的竞争战略。所谓客户价格谈判能力，是指客户通过压价或者提出更高的产品或服务质量要求，来影响产业中现有企业的盈利能力。所谓供应商价格谈判能力，是指供应商可能通过提价或降低产品或服务质量的威胁来向某个产业中的企业施加压力。所谓现有竞争对手的竞争，是指同一产业内各个企业之间的竞争状态和程度，这种竞争状态和程度影响整个产业中各个企业的盈利水平。二是对手分析。波特认为对手分析包括四个方面：未来目标、现行战略、假设和能力。通过分析竞争对手的未来目标，可以预测对手对其目前地位是否满足，进而了解对手是否将改变战略以及对外部事件或对其他公司的战略举动如何做出反应；通过分析竞争对手现行战略，可以了解对手如何进行竞争；所谓假设，就是公司对自身的认识和定位，以及对产业内其他方的认知。通过分析竞争对手的假设，可以找到竞争对手在分析和认识环境方面可能存在的偏见和盲点；通过分析竞争对手的实力，可以判定其优势和劣势。①

战略定位学派虽然改进了战略规划学派和战略适应学派在分析环境方面泛泛而论的不足，将分析的重点集中在企业或国家在外部环境某些方面的定位，但这种分析也存在问题：一是战略定位学派的分析评估是建立在外部环境具有稳定性的基础上的。"决定一个产业营利性的是产业结构，而不是很多人所认为的产业增长快慢"，"产业结构具有出人意料的稳定性。尽管人们普遍认为商业变化往往具有迅雷不及掩耳之势，但是波特却发现一个产业一旦度过了结构尚未定型的初级阶段，那么其产业结构往往具有长期的稳定性"。②由此，在战略定位学派看来，由于结构是稳定的，因而外在环境是稳定的。但是，我们知道现实环境不是一成不变的，即使是产业结构也会发生变化。正如有学者指出的，结构现实主义最大问题就是否认变化，但现实是即使结构也在发生变化。③ 二是战略定位学派忽视了企业或国家内部资源问题。该学派认为企业要赢得竞争主要依赖于战略定位，即创造出一个独特且有价值的定位，实现"你打你的，我打我的"。如何进行战略定位？战略定位学派指出要从产品或服务、满足客户需求和加强与特定客户接触三个方面入手，④ 而实现上述任何一方面的定位都需要企业或国家增强自身能力，这是战略定位学派所忽视的，这就成为战略资源学派进行攻击的重点。后来波特提出了价值链战略分析模型，企图弥补这方面的不足，但是由于涉及企业、组织内部活动的几乎所有方面，没有分出轻重缓急，使得价值链模型在实际中很难操作和把握。

---

① 迈克尔·波特著，陈小悦译：《竞争战略》，华夏出版社 2009 年版，第 1、3 章。

② 琼·玛格丽特著，蒋宗强译：《竞争战略论：一本书读懂迈克尔·波特》，中信出版社 2012 年版，第 21 页。

③ 罗伯特·基欧汉著，郭树勇译：《新现实主义及其批判》，北京大学出版社 2002 年版，第 131 页。

④ 迈克尔·波特著，徐二明译：《什么是战略》，载亨利·明茨伯格等：《战略过程》，中国人民大学出版社 2012 年版，第 21 页。

四、战略资源学派关于环境评估的观点

20 世纪 80 年代中期以来，许多学者发现产业或者说外部结构并不能决定企业或国家的成功，开始关注从内部来寻求导致企业或国家成败的因素。1984 年沃纳菲尔特在《战略管理杂志》上发表《基于资源的企业观》的文章，最早提出企业内部资源在获得和维护竞争优势中发挥重要作用。1990 年加里·哈默尔与 C. K. 普拉哈拉德在《哈佛商业评论》发表《公司核心竞争力》一文，提出决定企业成功的关键是核心竞争力，深化了战略资源学派的观点。核心竞争力的观点为美国军界迅速接受，冷战后美国推动的军事变革和军事转型提出美军要打造核心能力，其思想主要来源于战略资源学派。

战略资源学派认为，当一个企业或国家具有独特、不易被复制、难以替代的资源或能力时，它就更具有竞争优势。该学派认为一个企业或国家很难根据外部环境来制定自身的战略，因为外部环境总是变化的，应根据内部的资源或能力来制定，强调战略制定应从关注外部转向关注内部，即从"基于威胁"或"基于环境"转向"基于自身能力"，战略的核心是如何有效地累积和配置对手无法模仿的资源，以获得和保持竞争优势。战略资源学派对环境的评估主要是通过与对手资源或竞争力的对比，以此来确定自身独特的资源或核心竞争力。

战略资源学派分析方法主要是 VRIO 方法，主要用于分析和判定企业或国家内部资源或能力。VRIO 是价值问题（value）、稀有问题（rarity）、可模仿问题（imitation）、替代性问题（offsetting）英文第一个字母组合。所谓价值问题，是指这种资源或能力能够提高企业经营绩效。所谓稀有问题，是指这种资源或能力自身独有，其他企业或国家缺乏。所谓可模仿问题，是指这种资源或能力能否为其他企业或国家模仿的问题。一般说来，难以模仿的资源或能力能够带来竞争优势。所谓替代性问题，是指在无法模仿的情况下，竞争对手能否通过其他途径来代替这种资源或能力。对手通过其他途径难以替代的资源和能力就是独特资源和核心能力。

战略资源学派改进了战略定位学派忽视企业或国家内部因素的

不足，提出企业或国家要基于自身拥有的独特资源和能力，选择进入自己拥有优势的产业和领域，避免过多地受产业吸引力的影响而进入自身并不擅长的领域，弥补了战略定位学派只注重分析外部环境的缺陷。但是战略资源学派也存在不足：一是在企业或国家竞争过程中，往往不是一种资源而是一组资源或能力共同发挥作用。企业或国家所拥有的各种资源和能力具有互动、整合的特点，致使资源和能力之间难以分离、独立衡量，无法确定哪种资源或能力是对企业或国家的竞争起关键作用的独特资源或核心能力。二是可操作性是战略资源学派面临的一大挑战。美国学者多兹指出，资源学派和核心竞争力理论缺乏一种坚实的实证基础和充分说服力的理论基础。[①] 与其他战略学派相比，战略资源学派到目前为止缺乏简明实用的分析方法，使该学派的实际应用受到限制。

第三节　大战略环境评估理论

战略环境评估为各个战略理论学派所关注。通过分析主要战略学派关于战略环境评估的观点，可以总结出关于大战略环境评估理论的观点和方法。

一、对战略环境的认知

战略规划学派认为环境具有两大特点：一是战略环境无所不包，涉及众多方面。战略规划学派主要从几个角度来分析环境：（1）横向角度，认为战略环境包括政治、经济、文化、社会等众多方面。许多军事战略流派属于战略规划学派，"制定战争计划是一个复杂的整体性互为系统化过程，围绕着武装斗争这个中心任务，要把政治、经济、军事、文化、自然等各种因素考虑周到，组织和利用起来，

---

① 多兹：《管理核心竞争力以求公司更新：走向一个核心竞争力管理理论》，载坎贝尔等：《核心能力战略》，东北财经大学出版社 1999 年版，第 65 页。

构成一个紧密联系的、强有力的战争系统。"① （2）纵向角度，认为
环境复杂多变。战略规划学派的代表人物伊戈尔·安索夫指出，与
工业时代相比，后工业时代的传统工业边界不断扩张，变得更具有
渗透性和更难以确定。商业与社会政治领域的相互联系越来越多，
工业活动受到越来越多的参与者的影响，而且对企业或国家的影响
是通过中间参与者间接施加的。② 二是环境包括外部环境和内部环境
两大类。安德鲁斯认为外部环境包括技术、经济、自然、社会和政
治等方面的影响；内部环境就是企业或国家自身的能力，包括财务、
管理及组织方面的能力以及声誉和历史等。三是环境是常态的，即
使变化也是规律性和可预测性的。战略规划学派将企业或国家看成
是理性人，认为企业或国家在规划战略时能够充分了解相关的知识。
也就是说，企业或国家能够预先掌握规划某项战略所需要的所有知
识和信息。简单地说，在战略规划学派看来，"世界必须保持稳定，
战略家必须具有预测未来变化的能力"。③

　　战略适应学派与战略规划学派的最大区别是对环境稳定性的认
识。战略适应学派认为企业或国家是有限理性人，就是说"受到有
限理性制约的行为者无法使用其全部信息，因此也就不能实现信息
的充分利用。无法将无穷无尽、可供选择的行动方案一一罗列，然
后对它们加以评价，并判断出每一种方案的可能后果"④。环境是动
荡和不稳定的，因此企业或国家不可能完全认识和控制环境，企业
或国家必须随着环境的变化而调整战略。战略适应学派的代表人物
詹姆斯·奎因认为战略所处理的是不可预测和不可知的事。"对于主
要的企业战略来说，任何分析家都无法精确预测相互冲突的势力如
何运动、如何受到自然和人类情感因素的影响以及在对手的对抗下

---

① 李际均：《军事战略思维》，军事科学出版社 1998 年版，第 101 页。
② 伊戈尔·安索夫：《战略管理》，机械工业出版社 2011 年版，第 32 页。
③ 亨利·明茨伯格等著，魏江译：《战略历程》，机械工业出版社 2012 年
版，第 32 页。
④ 罗伯特·基欧汉著，苏长和等译：《霸权之后：世界政治经济中的合作
与纷争》，上海人民出版社 2001 年版，第 136 页。

会做出怎样的反应。"①

战略定位学派承认环境因素对于制定战略的重要性，但这种环境不是战略规划学派和战略适应学派所说的内涵广泛的环境，而是企业或国家竞争所涉及的具体领域，即产业环境。战略定位学派认为分析环境主要是分析外部的产业环境，特别是产业结构。产业结构决定着一个产业价值的分配模式，即在业内的企业、消费者、供应商、分销商、替代品以及潜在入围的新进企业之间的分配情况，决定了该产业内一个业绩达到平均水平的公司可以预期的平均利润。而一个企业要获得卓越业绩则取决于其在价值链中的位置。价值链是企业用来进行设计、生产、营销、交货业绩对产品起辅助作用的各种活动的集合。② 分析价值链，首先是列出整个产业的主流价值链。主流价值链反映出一个产业内大多数企业的活动范围和活动流程。其次是将自身企业的价值链与产业主流价值链进行比较，找出自身企业与其他企业的差异之处。可以说，战略定位学派是对战略规划学派和战略适应学派关于环境内涵的具体化。

战略资源学派基本上没有提出自己的环境评估理论，只是强调仅仅依据外部环境的评估而制定战略有可能带来不足。该派学者认为环境分析无论如何严谨，只揭示了问题实质的一半，"要获得持续的竞争优势，并不是简单地评估一下环境带来的机会和威胁，然后在机会大、威胁小的环境中从事商业活动就可以了。"③

从上面的分析可以看出，不同的战略理论学派对环境评估各有侧重点。因此，我们在评估战略环境时，既要从横向角度进行，评估政治、经济、军事、社会等领域，也要从纵向角度进行，评估这些领域相互影响、相互渗透的程度和特征；既要评估国家的外部战略环境，也要评估国家的内部战略环境；既要看到战略环境的稳定

---

① 詹姆斯·奎因著，徐二明译：《变革的战略》，载亨利·明茨伯格等：《战略过程》，中国人民大学出版社 2012 年版，第 17 页。

② 迈克尔·波特著，陈小悦译：《竞争优势》，华夏出版社 2005 年版，第 36 页。

③ 杰伊·B. 巴尼著，徐二明译：《从企业内部寻找竞争优势》，载亨利·明茨伯格等：《战略过程》，中国人民大学出版社 2012 年版，第 109、112 页。

性，也要看到战略环境的变动性；既要评估综合性安全环境，也要评估具体领域对国家安全的作用和影响。

二、环境评估方法的运用

主要战略学派都提出了自己的环境评估方法，这些方法各有优长。战略规划学派由于认为外部环境是稳定变化或者说固定不变的，因此提出的分析方法包含的要素固定不变，这对分析稳定、固定的环境极为有用，但用来评估瞬息万变的环境就显不足。比如战略规划学派最早提出的、具有代表性的 SWOT 分析方法不仅没有区分出构成要素之间的轻重，也没有反映出所要分析的要素相互之间的影响和环境变化给这些要素带来的影响：一是 SWOT 分析是一种静态分析。SWOT 通常是在企业或国家经营的某一时点对内外环境进行扫描，更多是依据历史的、静态的数据来进行业务分析、竞争者分析、消费需求分析，在此基础上给出 SO、ST、WO、WT 战略。实际情况却是，环境永远处于发展变化中，最需要回答的是当企业或国家在市场中采取竞争性策略后，竞争对手做何反应？未来的市场格局、市场秩序如何变化？这些因素对现有企业能力会带来什么影响？这在静态分析中是无法做出准确的有实践意义的判断。特别是在环境变化时、产业结构变动激烈时、企业处于跨期发展阶段等一系列内外环境变动时期，静态的 SWOT 分析便不再有效。[①] 二是 SWOT 分析未充分重视"创新"因素。SWOT 分析注重当前或基于历史的优势和劣势，对未来的、动态的发展分析不够充分。这就产生一个问题，弱势企业或国家如何发展？SWOT 分析的一个基本点就是规避劣势和威胁，弱势企业或国家在 SWOT 分析框架中就无法找到生存和发展空间。

战略适应学派修正了战略规划学派关于环境评估方法中存在的不足，从注重环境稳定转向注重环境变化，但战略适应学派提出的方法也存在问题：一是过分依赖管理者的主观直觉。比如 SMFA 方

---

① 宋继承等："企业战略决策中 SWOT 模型的不足与改进"，载《中南财经政法大学》2010 年第 1 期。

法特别强调对环境变化的高敏感度，但这种敏感性完全依赖于战略实施者的主观意识，特别是战略适应学派的代表方法情景分析法更是依赖于主观设想，比如情景开发、情景展开、情景充实都需要发挥主观能动性进行一定程度的想象。二是战略适应学派虽然强调环境变化，但这种变化是长期的、可预测的，忽视环境短期内瞬间的变化。无论是 SMFA、战略不确定性分析矩阵，还是情景分析法，所分析的环境某种程度上还是一种可预测、稳定变化的环境。情景分析法强调设定多种情景，而且要对这些情景进行设想和充实，实质上这样的情景还是一种稳定变化的环境，只不过将战略规划学派设定的单向、线式的环境变化，改为多向的、长时段性的，实际上排除了短期的、瞬间的环境变化。

战略定位学派评估环境的代表性方法是迈克尔·波特的五力模型，是当前战略学界分析特定领域竞争情况的重要工具，但也存在一些不足：一是五力模型忽略了外部其他因素对特定领域的影响。战略定位学派虽然承认特定领域外部因素的作用，但只强调是相对意义上的。那些对领域内不同企业或国家具有重要影响作用的外部力量，比如技术创新、政府政策、社会变革、自然环境重大变化、重要的政治事件、国家间变化等在波特的五力模型中没有得到反映。二是五力模型对特定企业或国家与五种力量之间的关系认识有片面性，否认了特定企业或国家兼有两种甚至多种战略的可能。战略定位学派强调企业或国家之间竞争的主要目的是抗击五力作用，争取有利的定位。在波特看来，特定企业或国家与五种作用力之间只有纯粹的竞争关系，这种观点显然过于偏激和片面。如果竞争与合作是特定企业或国家与五力之间关系的两极，那么其间有广阔的中间地带可供选择，这显然比波特的"只有竞争关系"丰富和复杂得多。如果只注重"只有竞争关系"，特定企业或国家永远走不出被动竞争、孤军奋战的境地，不可能结成各种形式的战略联盟，而战略联盟是当今获取竞争优势的重要途径。三是五力模型是孤立的和静止的。五力模型将五个因素割裂开来单独分析，没有揭示五种力量之间的相互作用，也没有说明五种力量发挥作用的程度，五力模型是缺乏重点的。另外，五力模型以五种因素在某一时刻点的状况为依据进行决策，但在实际情况中，很可能是刚刚做出决策，情况就发生变化了。

从上面的分析可以看出，不同战略学派关于环境评估的方法都有一定的适应范围和条件，超出这个范围和条件就是不足。实际上，企业或国家面临的环境是一个复杂、动态的系统，对这样的系统进行评估，既要注重特定时点的静态评估，也要注意特定时段内的动态分析，这就需要将战略规划学派的方法与战略适应学派的方法结合起来运用；既要注重综合性、多领域的整体评估，也要注意特定领域、特定对象的分析。也就是说，在运用战略规划学派和战略适应学派的方法对综合环境进行评估时，也要运用战略定位学派的方法评估特定领域的情况。

第三章
大战略环境构成

大战略环境即国家安全环境，是一定时期内影响国家安全全局的客观情况和条件，是对国家对外行为产生影响的政治、经济、军事、社会等因素综合形成的客观状况。一个国家面临的大战略环境分为国际战略环境、特定领域的战略环境、战略对手以及内部环境四个层次，其中，国际战略环境、特定领域战略环境和战略对手属于外部环境。

第一节　国际战略环境分析

国际战略环境包括自然环境和国际体系两大部分。自然环境是国际战略环境的基础，国际体系是国际战略环境的主体。在国际战略环境中，大国或国家集团之间的相互关系主导着国际战略环境的全局和总体趋势。

一、自然环境

"我们观察世界，如同观察我们自己一样，所能观察到的只不过是我们感觉到的周围事物。这些周围事物——土地、水、空气、树木、人和事物等——保护并养育我们，制约或帮助我们，并且也可能攻击或加害于我们。"[①] 自古以来，战略研究就重视自然环境与人

---

① 路易·C. 佩尔蒂尔等著，王启昌译：《军事地理学概论》，解放军出版社 1988 年版，第 3 页。

类之间关系的研究。亚里士多德就认为人们与其所处的环境密不可分，人们既要受到地理环境的影响，也要受到政治制度的影响。靠近海洋会激发商业活动，而希腊城邦国家的基础就是商业活动。温和的气候会对国民性格的形成、人们活力和智力的发展产生积极的影响。① 自然环境包括人口、资源、气候和地理。今天对自然环境的分析依然是大战略环境评估的一项重要内容，美国国家情报委员会发布的《全球趋势 2025：转型的世界》就对人口、水、食物、气候和能源变化趋势进行了评估。②

（一）人口与资源的关系

在自然环境的评估中，最重要的是评估人口与资源之间的关系。资源的供需矛盾始终是影响世界局势不可忽视的因素，这种矛盾关系一方面受到人口变化的影响，另一方面又受到资源稀缺性变化的影响。马尔萨斯最早论述了人口与资源之间的矛盾关系。他指出人口是以几何级数增长，生活资料则是以算术级数增长。如果不加以控制，人口的增长将超过食物供应，将引发战争。

分析人口要素，主要是分析人口规模、结构和分布。人口规模包括世界人口规模、区域人口规模和国别人口规模，以及上述规模在一定时间内的变化趋势；人口结构包括老龄化人口、劳动力人口等；人口分布包括人口密度、人口流动趋向、城镇化人口等。

资源的供给与需求关系构成资源的稀缺性。资源稀缺性的变化包括特定时间内的资源供应量、资源分布的变化。科技进步正在缓解资源稀缺性，但不可能根本解决这一问题。虽然科技进步能够提高资源的供应量，但据测算，人口每增长一个百分点，仅仅为了维持当下的生活水平，就要使国民收入增长四个百分点。③ 随着人口增

---

① 詹姆斯·多尔蒂等著，阎学通等译：《争论中的国际关系理论》，世界知识出版社 2003 年版，第 160 页。

② 美国国家情报委员会编，中国现代国际关系研究院美国研究所译：《全球趋势 2025：转型的世界》，时事出版社 2009 年版，第二、四、五章。

③ 詹姆斯·多尔蒂等著，阎学通等译：《争论中的国际关系理论》，世界知识出版社 2003 年版，第 161 页。

长，资源需求不断上升，国家会对外扩张，有可能引起冲突或战争。①

（二）地缘环境

对地形、地理的研究长期以来一直是战略研究的重要内容。帕特里克·奥利沙文等认为："不管战略所宣称的是什么，它总是从属于地缘政治的判断"，"最重大的战略决策实质上是地缘政治"。② 约翰·柯林斯也指出："那些误解、误用或忽视地理对国家安全事务的重大影响的、没有正确理论指导的战略家，往往在国家的威望和人民的生命财产遭受重大损失之后，才痛苦地吸取教训。"③ 地缘环境具有相对稳定性，对大战略的影响是长期的。地缘环境分析主要包括以下几个方面：

一是地缘战略重心，即主导世界地缘局势的重要区域。地缘战略理论关于地缘战略重心的观点主要有三种：海权论、心脏地带论、边缘地带论。海权论的代表人物马汉认为如果一个国家的海军力量足以控制公海特别是海上交通贸易线，就能控制世界的财富，从而统治全世界。心脏地带论的代表人物麦金德认为俄罗斯亚洲部分是世界的心脏地带，提出"谁统治东欧，谁就能控制心脏地带；谁统治心脏地带，谁就能主宰世界岛；谁统治世界岛，谁就能主宰世界"。边缘地带论的代表人物斯派克曼认为欧亚大陆的边缘地带在世界地缘战略中最为重要，强调"谁支配着边缘地带，谁就控制欧亚大陆；谁支配欧亚大陆，谁就掌握世界命运"。布热津斯基修正了边缘地带论，不再将欧亚大陆分为"心脏地带"和"边缘地带"，而是在欧亚大陆上划分出"地缘战略棋手"和"地缘政治支轴国家"两大类重点国家，强调"美国如何巧妙地处理同欧亚棋盘上的重要

---

① 卡列维·霍尔斯蒂著，王浦劬等译：《和平与战争：1648—1989 年的武装冲突与国际秩序》，北京大学出版社 2005 年版，第 276 页。

② 帕特里克·奥利沙文等著，荣旻译：《战争地理学》，解放军出版社1988 年版，第 93 页。

③ 约翰·柯林斯著，中国人民解放军军事科学院译：《大战略》，战士出版社 1978 年版，第 296 页。

地缘战略棋手的关系，以及美国如何同欧亚大陆那些关键性的地缘政治支轴国家打交道，这对于美国长久和稳固地保持在全球的首要地位是至关重要的"①。

从现实来看，世界地缘战略重心相对稳定，但也在不断调整变化。这种变化主要体现在两个方面：一方面是世界地缘重心在边缘地带之间转换。西欧和东亚是欧亚大陆的两大边缘地带，自世界体系形成后，欧洲特别是西欧一直是世界体系的中心，是地缘战略的重心。随着亚太地位的上升，东亚地区成为欧亚大陆的另一个地缘战略重心，现在出现了亚太地缘重心可能超过西欧地缘重心的态势，有学者就称东亚有可能成为21世纪世界地缘战略的主要重心。② 另一方面是从陆权转向海权。长期以来，由于各种条件的限制，世界地缘局势一直以欧亚大陆为舞台，对欧亚大陆重要地域的控制是国家兴衰的重要基础。比如世界上出现的大帝国亚历山大帝国、阿拉伯帝国、拜占庭帝国、蒙古帝国等都是以拥有广袤的领土和控制欧亚大陆为基础。但工业革命以来，随着近代海军的兴起，海权的作用逐渐上升，英国和美国之所以能成为世界霸权，依靠的主要是强大的海军和对海权的控制，③ 世界地缘战略重心从陆权开始转向海权。

二是地缘战略处境，即国家在地缘关系中所处的位置。国家在地缘关系中的不同位置，形成不同类型的国家。从地缘战略关系角度，可以将国家分为陆权国家、海权国家、边缘地带国家或陆海兼备国家，以及一般性国家。（1）陆权国家。陆权国家具有以下特征：陆地交通枢纽对于国家安全的重要性远远大于海上交通枢纽；控制陆地交通枢纽的能力远远强于控制海上交通枢纽的能力，比如陆军

---

① 兹比格纽·布热津斯基著，中国国际问题研究所译：《大棋局：美国的首要地位及其地缘战略》，上海人民出版社1998年版，第255页。

② 有关21世纪世界地缘战略重心从西欧向东亚转移的论述，参见 William H. Overholt, *Asia, America, and the Transformation of Geopolitics*, Cambridge：Cambrige University Press, 2008；C. Dale Walton, *Geopolitics and the Great Powers in the 21st Century*, London：Routledge, 2007；兹比格纽·布热津斯基著，洪漫等译：《战略远见》，新华出版社2012年版。

③ 吴征宇：《霸权的逻辑：地理政治与战后美国大战略》，中国人民大学出版社2010年版，第62页。

实力强于海军实力或者说发展陆军比发展海军对于国家安全更具重要性。（2）海权国家。海权国家具有以下特征：海上交通枢纽对于国家安全的重要性远远大于陆上交通枢纽；控制海上交通枢纽的能力远远强于控制路上交通枢纽的能力，比如海军实力强于陆军实力或者说发展海军比发展陆军对于国家安全更具重要性。（3）边缘地带国家。边缘地带国家或称陆海兼备的国家融合了陆权国家和海权国家的特征，比如控制陆上交通枢纽和海上交通枢纽对于国家安全都很重要，陆海军实力相当或者说发展陆军与发展海军对于国家安全同等重要。（4）一般性国家。既不能控制陆地交通枢纽，也不能控制海上交通枢纽的国家，属于一般性国家。①

从地缘战略关系还可以将国家分为中心型国家和侧翼型国家两大类型。从地理角度看，国家之间的关系可以分为相邻关系（接壤毗邻）、相望关系（近而不接）、相通关系（距离远但通达性较好）、相隔关系（较近但通达性不好）、相远关系（远而可及）。② （1）中心型国家，是指一个国家在相对立的两翼或更多方向上与其他国家处于相邻、相望或相通关系，从而受到其他国家的包围；（2）侧翼国家，是指最多在一个方向或在两个相邻方向上与其他国家处于相邻、相望或相通关系。③

国家所处的地缘位置不同，受到的压力就不同。如果是中心型国家，则面临多个国家、多个方向的压力和制约；如果是陆权型中心国家，将面临其他陆权型国家、海权型国家或陆海兼备型国家的制约，相互之间的地缘战略利益关系更多的是陆权利益矛盾；如果是海权型中心国家，将面临其他海权型国家、陆权型国家或陆海兼备型国家的制约，相互之间的战略利益关系是海权利益矛盾；边缘地带国家即陆海兼备型国家一般属于中心型国家，面临的地缘战略环境极为复杂，有可能面临陆权型侧翼国家的制约，或海权型侧翼

---

① 周丕启：《大战略分析》，上海人民出版社 2009 年版，第 61—62 页。

② 军事科学院战略研究部：《战略学》，军事科学出版社 2001 年版，第 70 页。

③ 梅然："中心—侧翼理论：解释大国兴衰的新地缘政治模式"，《国际政治研究》2007 年第 1 期。

国家的制约，或者两种类型国家的共同制约。

二、国际体系

"当国与国之间进行经常性的交往，而且它们之间的互动足以影响各自的行为时，我们就可以说它们构成了一个体系。"① 罗伯特·吉尔平认为："一种国际体系包括三个主要方面。第一，要有'多种多样的实体'。它们可能是进程、结构和行为者，甚至也可能是行为者的属性。第二，这个体系具有'有规则的互动'的特征。可以在共同特征始终不变的连续性基础上，发生从偶尔的接触到国家间深深地相互依赖的变化。第三，要有某种调整行为的'控制的形式'。它可以是这个体系的非正式规则，也可以是正式的规章制度。"② 总体来看，国际体系包括国际格局、单元以及单元之间的互动即国际进程三大要素。

（一）国际格局

国际格局是国家之间相互组合而形成的实力对比关系，是国际体系的基础，也是分析国际战略环境的关键。分析国际格局，最主要的是分析各国实力对比，比如大国有多少，一般国家有多少等。

评估国家实力即综合国力，首要的是明确国家实力的构成要素。摩根索认为，国家实力由九项要素构成：地理、自然资源、工业力量、军备、人力资源、民族性、人民的士气、外交质量、政府质量。斯派克曼认为国家实力由十个方面的要素构成：领土状况、边界特征、人口规模、原料多寡、经济与技术发展、财力、民族同质性、社会凝聚力、政治稳定性、国民士气。③ 克莱因提出国家实力由物质因素和精神因素构成，物质因素包括基本实体、经济能力和军事能

---

① 赫德利·布尔著，张小明译：《无政府社会：世界政治秩序研究》，世界知识出版社 2003 年版，第 7 页。

② 罗伯特·吉尔平著，宋新宁等译：《世界政治中的战争与变革》，上海人民出版社 2007 年版，第 32 页。

③ 薄贵利：《国家战略论》，中国经济出版社 1994 年版，第 295 页。

力，精神因素包括战略意图和国家意志。约瑟夫·奈提出"软实力"概念，认为国家实力由硬实力和软实力构成，硬实力包括基本资源、经济力量、军事力量和科技力量，软实力则来源于文化、价值观、对外政策和国际制度。国内学者关于国家实力构成的观点与西方学者的没有本质性区别。阎学通提出国家实力由政治、军事、经济和文化四个实力要素构成。其中，政治为操作性实力，军事、经济和文化为资源性实力。[①]

其实，国家实力到底由哪些要素组成并不特别紧要，只要所提出的要素符合时代发展要求，在特定时段内能够准确和科学地反映国家的整体实力即可。在这里，我们将国家实力分为硬实力和软实力两大类。硬实力包括资源力、经济力和军事力；软实力包括文化力和外交力。每一项下又可以分为若干子项。资源力包括人口规模和素质、领土面积、能源资源拥有量；经济力包括 GDP、国际贸易、政府财政收入；军事力包括军费开支、军队员额、武器装备数量和性能；文化力包括对内的整合力和对外影响力；外交力包括建交国家数量、盟国数量、在重要国际组织中的地位等。

在评估国家实力后，就需要分析国际格局。分析国际格局的主要目的是明确国家所处的国际地位，确定国家所受到的安全压力。在国际关系学界，一般按"极"的多少来划分国际格局类型。"极"指的是行为体数量以及它们的实力分配状况，衡量"极"的标准是国家特别是大国的国家实力。[②] 根据"极"的数量，可以将国际格局分为单极格局、两极格局和多极格局。

一般说来，单极格局是指在国际体系中只有一个国家的综合国力最强大，超过其他国家，占有较大优势；两极格局是指在国际体系中有两个国家或集团的实力超过其他国家和集团，而且两个国家或集团之间的实力大体相当；多极格局是指在国际体系中有三个或三个以上国家或集团实力超过其他国家和集团，而且相互之间实力大体均衡。在单极体系内，如果本国是霸权或实力最强大的国家，

①　阎学通：《历史的惯性》，中信出版社 2013 年版，第 19 页。

②　詹姆斯·多尔蒂等著，阎学通等译：《争论中的国际关系理论》，世界知识出版社 2003 年版，第 129 页。

不会面临单个国家的压力，"一国的实力越是强于对手，对手攻击和威胁其生存的可能性就越小"①，但有可能面临其他国家联合起来所形成的强大实力压力，"某一国家拥有太多的权力将使其他国家感到惊恐不安，促使它们团结起来与其对抗，从而使它变得更不安全"②。在两极格局内，如果本国是其中的一极或属于一极阵营，则面临另一极及其阵营成员的压力；如果本国属于两极阵营之外的国家，或者面临两极的压力，或者由于两极之间相互制约而抵消，从而使本国免受太大的压力。在多极格局内，如果本国是其中一极，有可能面临其他各极的共同压力或其他某些极的压力；如果本国不是多极中的一极，或者面临大国的压力；或者因为大国相互制衡而免受太大压力。

（二）国际进程

国际进程是国家之间的联系、交往和互动，这种互动既是利益互动，也是价值观互动。分析国际进程，首先要分析国际进程的主要矛盾。国际进程充满了各种矛盾，但往往只有一种矛盾规定或影响其他矛盾的发展，这就是主要矛盾。一般说来，主要矛盾是大国之间的矛盾，而大国与小国之间的矛盾以及小国之间的矛盾，难以成为国际进程的主要矛盾。只有那种既是大国之间的矛盾，同时又是大国与小国之间的矛盾，才有可能成为国际进程的主要矛盾。其次要分析主要矛盾的主要方面。处于矛盾中的各方地位和作用是不平等的，其中有一方处于支配地位，这就是矛盾的主要方面，而其他方则处于次要地位。再次，明确本国在主要矛盾和矛盾主要方面的地位。国际进程变化趋势由国际主要矛盾决定，而主要矛盾由矛盾的主要方面决定。当一个国家居于国际进程主要矛盾的主要方面时，该国的行为决定了国际进程的演进方向，而当一个国家不居于主要矛盾的主要方面时，与国际进程变化方向既有可能一致，也有

---

① 约翰·米尔斯海默著，王义桅等译：《大国政治的悲剧》，上海人民出版社 2003 年版，第 46 页。

② 肯尼思·华尔兹著，信强译：《国际政治理论》中文版前言，上海人民出版社 2003 年版，第 20 页。

可能存在对立。当与国际进程变化方向一致时，国家受到国际进程的约束较弱，回旋余地较大。如果与国际进程变化方向不一致，国家受到国际进程的约束较强，有可能引起严重的安全问题。

除了从总体上分析国际进程的主要矛盾和次要矛盾外，还要分析具体领域的主要矛盾和矛盾的主要方面。国家之间的互动涉及多个领域，主要包括政治、经济、军事和文化四大领域。

政治领域主要涉及国家的政体、主权和领土等要素。分析政治领域的互动，主要是分析整个国际社会的政体分类，各种政体在国际社会中的地位，还要分析各种政体之间的互动情况，确定哪种政体主导不同政体之间的互动，引领国际政治领域变化走向。在此基础上，分析本国政体属于哪一类，与其他政体之间的关系，是否属于国际社会主流政体等。

经济领域主要涉及生产、贸易和金融等要素。分析经济领域的互动，主要是分析相关国家在生产、贸易和金融中的地位，哪些国家居于主导地位，决定生产、贸易和金融趋势。在此基础上，分析本国经济在国际经济生产、贸易和金融中的地位，与其他国家之间的经济关系。

军事领域涉及和平与战争的趋势、战争形态的变化、大国军事战略调整，以及各国军事实力对比等。分析军事领域的互动，主要是分析战争形态变化趋势，哪一个国家或哪些国家推动了战争形态的变化，哪一个国家的军事实力强大，世界主要国家的军事战略动向等。在此基础上，分析本国在推动战争形态变化方面的作用，是推动、适应，还是落后，本国与其他国家之间军事实力对比，以及与其他国家之间特别是世界强国的军事关系，本国的军事战略是否适应世界军事演变潮流等。

文化领域主要是分析国际社会宗教、文明、文化种类，以及各种宗教、文明、文化之间的相互关系，何种宗教、文明、文化居于国际社会主流。在此基础上，分析本国文明属于哪一类，与其他文明之间的关系，特别要分析本国与国际社会主流价值观之间的关系，是一致还是存在矛盾和冲突。

另外，技术因素对国际互动有推动作用，但技术因素难以独立发挥作用，一般与政治、经济、军事和文化领域的因素结合在一起。

在分析上述四大领域主要矛盾和矛盾的主要方面基础上，综合分析本国在国际进程互动方面的地位和作用。如果在四个方面都处于主要矛盾或矛盾的主要方面，那么本国在国际进程中将居于主导地位；如果在四个方面都处于次要矛盾或矛盾的次要方面，那么本国将在国际进程中处于完全被动和从属地位；在两三个领域居于主要矛盾或矛盾的主要方面，则表明本国只在某些领域处于主导地位。

国际格局根本决定了一个国家面临的国际压力和战略回旋余地，而国际进程影响国际压力和战略回旋余地，如果在国际进程中居于主导地位，可以缓解国际压力，拓展战略回旋余地；如果在国际进程中居于次要地位，面临的国际压力可能加重，战略回旋余地可能极大地被压缩。分析国际战略形势主要目的是明确国家面临的外部总体环境趋势，以及这种趋势可能给国家造成的压力和带来的机遇。

第二节　特定领域战略环境分析

国际战略环境只是规定了国家面临的外部总体安全状况，但国家安全受到的影响往往是具体的，这就需要分析具体领域的状况。这里的领域包括功能领域和地域领域两大类，功能领域不仅包括诸如政治、经济、社会、军事等大领域，还包括诸如某产业和产品之类的细分领域，比如核生化武器领域、计算机软件领域等；地域领域包括全球、区域、周边的政治、经济、社会、军事以及各种细分领域等。美国政府或智库在评估总体战略环境的同时，对于一些重要的领域比如核领域、空间领域、网络领域、海洋等都进行专门的评估。

分析特定领域的战略环境，主要从特定领域的战略结构和战略互动入手。特定领域的战略结构，是指相关国家在特定领域投入的力量对比，战略互动是指相关国家在特定领域内彼此之间的关系。

一、特定领域战略结构分析

特定领域的战略结构主要是相关国家在特定领域的力量对比关

系，这种力量对比关系取决于以下因素：

（一）特定领域在国家安全中的地位和作用

一般说来，有关国家对特定领域的力量投入状况取决于该领域对于国家安全的影响程度。当某领域对国家安全的影响上升时，会有较多国家在该领域投入强大力量，致使该领域的竞争日趋激烈。比如冷战结束后，网络空间对于国家安全的作用不断上升，许多国家制定了网络空间战略。美国发布了《网络空间国际战略》《网络空间行动战略》和《网络空间安全政策评估报告》，组建了网络空间司令部和网络部队。俄、英、德等国家也纷纷发布自己的网络空间战略，组建网络战力量，网络领域的国际竞争日益激烈。

（二）差异化问题

有时候，特定领域虽然在国家安全中的地位很高，但如果相关国家实施的战略存在差异，相互之间的竞争可能不激烈。"你打你的，我打我的"就是典型的差异化战略。而且，能够实施并维持其他国家难以模仿的差异化战略的国家，往往会掌握对特定领域的某种主导权。当国家的战略趋于一致、差异化逐渐缩小时，相互之间的竞争会激烈。战后初期美国垄断原子弹，美苏在核领域根本就不存在竞争；1948 年苏联进行原子弹试验，1953 年进行了氢弹试验，打破美国的核垄断，美苏开始核领域的竞争。在核领域，美苏开始实行的战略是不同的。1945 年到 1953 年美国将核武器看成是重要的报复手段，苏联则没有明确的核战略；1953 年到 1961 年美国提出大规模报复战略，突出核武器的作用，准备与苏联进行大规模的核战争。同期，苏联的核战略逐步成型。从以常规武器为主、核武器为辅的常规战争，向以核武器为主、常规武器为辅的核战争过渡，到 1961 年苏联提出核报复战略，认为未来战争是核战争，主张打以战略核力量为基本手段的核大战。美苏两国的核战略趋于类同[1]，在核领域展开了激烈的竞争。

---

① 王仲春：《核武器 核国家 核战略》，时事出版社 2007 年版，第 157 页。

结合上述两方面的分析，可以对特定领域的战略结构做出分类。在战略学界，通常用特定领域集中度来衡量相关领域的战略结构。所谓领域集中度，是指在特定领域内最具影响的几个国家对整个领域的影响程度。根据美国经济学家贝恩和日本通产省对产业集中度划分标准，特定领域战略结构可以分为寡占型和竞争型两类。寡占型又分为高度寡占型和低度寡占型；竞争型分为低度竞争型和分散竞争型。①

二、特定领域战略互动分析

特定领域的战略互动是指特定领域内相关国家之间的关系状况，主要包括以下几个方面：

（一）特定领域内国家之间的总体关系

这种总体关系涉及主导国家之间、主导国家与一般国家之间，以及一般国家之间的关系，起决定性作用的是前两者。国家之间的战略互动分为合作与竞争两种类型。以竞争关系作为衡量特定领域内国家之间战略互动的标志，可以间接地衡量出合作程度。如果不考虑国家之间的疏离关系，国家之间竞争程度低，间接地反映了国家之间合作程度高；同样，竞争程度高，就间接地反映出国家之间合作程度低。

（二）主导性国家与一般性国家之间的关系

特定领域国家间关系的主动权在主导国家。一般地，许多领域都有一个或几个主导性国家对该领域施加了巨大影响，引导领域性质变化和趋势走向。主导性国家与一般性国家构成特定领域的战略互动。这种互动主要体现在以下几点：

一是公共物品方面，主要是主导性国家向该领域提供公共产品的情况与一般性国家的公共物品需求情况之间的供需关系。"由于居

---

① 江积海编著：《战略管理：定位与路径》，北京大学出版社 2011 年版，第 19 页。

支配地位的大国提供了诸如某种有利可图的经济秩序或某种国际安全一类的'公共商品'，故其统治常常为人们所接受。"① 通过向特定领域提供能够满足许多国家需求的公共商品，有需求的国家就会自觉地接受主导性国家的影响，特别是如果一般性国家对主导性国家提供的公共利益需求较高，或者如果不接受主导性国家提供的公共利益会付出较高的代价。这种情况下，主导性国家对一般性国家的控制较强。

二是国际规则方面，主要是主导性国家在特定领域内影响国际规则的情况与一般性国家受国际规则约束情况之间的均衡关系。国际规则是国家行为的规范，规定了可接受和不可接受的行为类型。随着国家之间联系日益密切，国家关系规则化趋势加强，规则对国家之间的关系、对国家行为的影响日益增强。国际规则在某种意义上已经成为国家拓展国际空间和增强自身实力的一种重要工具，如果主导性国家能够影响特定领域国际规则的制定和实施，或者设置新的规则，说明主导性国家对特定领域拥有较强的控制力。如果一般性国家受主导性国家制定的国际规则约束较强，比如加入国际组织，将国际规则内化为自己的观念，自愿遵从。这些国家对规则的服从质量很高，它们对规则变化的抵制也很强。② 在这种情况下，一般性国家的自主性较弱。如果没有内化为自己的观念，服从质量较低，就有较强的自主能力。

三是强制服从方面，主要是主导性国家通过强制方式影响、控制一般国家行为的情况。在特定领域里通过提供公共物品和影响国际规则，可以得到某些国家的自愿服从，主导性国家付出的成本较低。但并不是在领域内所有国家都会接受主导性国家提供的公共物品，同意主导性国家设置、修改规则。在此情况下，主导性国家要影响一般性国家，就需要借助强制性方式比如制裁、威胁、惩罚等来迫使这些国家改变自己的行为，做违背自己意愿的

---

① 罗伯特·吉尔平著，宋新宁等译：《世界政治中的战争与变革》，上海人民出版社 2007 年版，第 40 页。

② 亚历山大·温特著，秦亚青译：《国际政治的社会理论》，上海人民出版社 2000 年版，第 343 页。

事情。如果一般性国家能够顶住主导性国家的压力，直至主导性国家付出的成本大于收益而放弃强制方式，一般性国家就拥有一定程度的自主权。

（三）潜在进入者的影响

分析特定领域的战略互动，除了要分析领域内国家之间的关系外，还要分析可能进入该领域的国家情况。领域外国家参与到特定领域内，该领域原有的竞争格局和状况有可能出现变化。潜在进入者所引起的特定领域竞争状况变化程度，取决于两方面：

一是特定领域进入的壁垒或门槛。进入门槛越高，潜在进入者就少，产生的影响就弱。影响特定领域进入门槛的因素主要有以下几项：首先，进入规模问题。进入任何领域都需要投入力量，投入的力量只有达到一定的规模才能对该领域产生影响，这就是进入规模问题。进入规模保护了特定领域和在该领域内的国家利益，它挡住了那些达不到规模的潜在进入者。其次，进入路径问题。每个领域都有多种进入路径，不同的国家进入路径可能相同，也可能不同。一般地，如果选择相同的进入路径，竞争就会激烈；反之，竞争程度较低。再次，进入规则问题。任何领域都存在不同程度的规则化，特别是冷战结束以来，随着全球化的发展，几乎所有领域都呈现出规则化趋势。这些规则就成为特定领域新进入的障碍。特定领域的新进入者面临选择，或者适应特定领域的规则，或者改变这些规则，无论怎么做都将付出成本。比如 WTO 基本上确立了世界经济和贸易的规则，任何国家要进入 WTO，要参与世界经济和贸易，都要遵守这些规则，要付出一定的成本和代价。

二是预期的报复。潜在进入者有可能激起特定领域既存者反击预期，这将对进入行为产生影响。如果进入者认为既存者有可能进行有力反击，从而使之处于不能令人满意的境地，那么进入极可能被扼制。[①] 分析预期报复，主要参考以下几项因素：首先，既

---

① 迈克尔·波特著，陈小悦译：《竞争战略》，华夏出版社 2005 年版，第 13 页。

存者对潜在进入者报复的历史。分析特定领域既存者的习惯性反应，有些既存者面临潜在进入者往往会采取对抗、报复和遏制行为，另外的既存者有可能采取接纳、吸收和包容的态度。其次，特定领域既存者的实力状况。分析既存者是否拥有强大或充足的实力对潜在进入者进行反击，特定领域的既存者如果实力强大，对于潜在进入者一般会进行反击。特别要分析潜在进入者准备投入的实力与既存者实力之间的对比。再次，特定领域与既存者之间的关系。如果特定领域关系到既存者的安全，或者特定领域影响到既存者的核心利益或重要利益，既存者一般会进行激烈反击。美国霸权的主要支柱是金融和军事，维护美国的霸权就是维护金融领域的美元世界货币地位和军事领域世界主导地位。凡是有可能挑战美元世界主要货币地位的任何其他货币，美国都要进行打压。欧元诞生对美元的霸权地位构成了严重挑战，美国进行了强烈的打压。有分析认为，2009 年爆发的欧洲主权债务危机是美国打击欧元而促成的。①

（四）替代者的威胁

替代者是指不同的问题、事务和物品能为特定国家带来相同的收益，或满足相同的需求。新的领域在国家安全中的影响不断上升，逐渐抵消甚至取代发挥重要作用的原有领域，或者特定领域内出现削弱甚至取代主导力量的趋势，国家安全环境都将发生巨大变化。

一是领域的替代性问题。领域的替代性引起的竞争是领域与领域之间的竞争，这种竞争是最激烈的。长期以来，政治和军事领域在国家安全中一直居于重要地位。冷战结束后，随着国家之间相互依存的增强，政治和军事的地位作用有所下降，"在绝大多数情况下，武力已经不再是政策工具，或者说武力作为政策工具已经无足轻重"，"某些目标（如经济福利或良好的生态环境）的重

---

① 王军："从欧洲主权债务危机看大国的博弈及其对中国的警示"，载《国际展望》2010 年第 3 期。

要性越来越突出，而动武常常不是实现这些目标的适当方式"。①
出现领域的替代性趋势，领域之间的竞争激烈，主导不同领域的
国家之间竞争也会激烈。

二是领域主导问题或力量的替代性问题。任何领域都有自己特
定的主导问题或力量，这种主导问题或力量规定了特定领域的性质、
范围和走向，影响了有关国家的行为。一旦主导问题或力量发生转
移，或出现新的问题或力量取代原有的问题或力量，领域的性质、
范围或走向都将发生变化，比如无人机和隐形飞机的出现正在引起
空战领域的变化，主要国家正在将空军发展重点转向无人机和隐形
飞机上。在军事领域，制权就是战争的制胜力量，从制陆权到制海
权、制天权，再到制信息权，制权变化意味着领域主导力量被不断
削弱和替代，在这个过程中国家之间的竞争相当激烈。

分析特定领域战略环境，既要明确该领域在国家安全中的地位
和作用，明确有关国家在该领域面临的压力状况，还要找出在该领
域实现战略目标的机会，明确哪些国家在该领域可能成为自己的盟
友或对手。

第三节　战略对手分析

分析外部环境的关键是明确战略对手，并判断战略对手的类别
和行动。分析战略对手可以从战略目标、战略判断、战略图谋和战
略能力等四个方面进行，这四个方面实质上是对分析战略对手传统
方法的深化。柯林斯认为分析战略对手，"单纯依赖对敌人能力的估
计，或单纯依赖对敌人企图的估计，都是危险的做法。精明的战略
家总是把这两个方面都考虑进去"。② 分析战略对手必须将对手战略
意图和战略实力相集合。对手的战略目标和战略判断体现了战略意

---

① 罗伯特·基欧汉等著，门洪华译：《权力与相互依存》，北京大学出
版社 2002 年版，第 29 页。

② 约翰·柯林斯著，中国人民解放军军事科学院译：《大战略》，战士出
版社 1978 年版，第 33 页。

图，战略图谋则是实力和意图的结合，真实地反映了战略意图，战略能力体现的是实力。① 美国出台的《中华人民共和国军事力量年度报告》评估的主要是中国的军力，基本上是从战略目标、战略判断、战略图谋和战略能力四个方面进行的，当然这四个方面主要是军事领域。比如关于中国军事战略目标的评估，主要涉及中国的国家战略、安全战略和军事战略的分析；关于中国军事战略判断评估，主要涉及中国关于国际形势、国内形势、周边形势和大国关系的观点和看法的分析；关于中国军事战略图谋的评估，涉及中国作战理论和对台军事斗争情况分析；关于中国的军事战略能力评估，涉及中国的经济资源、军队现代化和军事训练。② 战略对手分析既可以是全球范围的、地区范围的，也可以是特定领域内的。

一、战略对手的战略目标

分析战略对手的战略目标相当重要，目标体现了意图。通过对战略对手目标的分析，可以了解其对目前状况是否满意，进而判断对手是否改变现行战略，以及对其他国家战略行为的反应等。分析战略对手的战略目标，一般从两个方面进行：

（一）战略对手的总目标

分析战略对手的总目标包括这样一些内容：战略对手的现状、愿景是什么？现状与愿景之间的差距即是战略目标；战略对手为实现总目标可能动用多大的资源？能够动用的资源体现的是在一定时间内达成战略目标的程度；战略对手的战略目标与本国战略目标之间是否存在矛盾？如果存在矛盾，程度如何？战略目标矛盾程度决定两国关系的竞争或敌对情况。

---

① 肯·布思著，冉冉译：《战略与民族优越感》，中央编译出版社 2009 年版，第 125 页。

② 参见 2001 年以来的美国国防部《中华人民共和国军事力量年度报告》。可参见美国国防部：《中华人民共和国军事力量年度报告》，载杨辉主编：《美国国家安全战略文件选编》，军事谊文出版社 2005 年版，第 107—187 页。

（二）战略对手的子目标

子目标是总目标在不同领域、不同部门的分解。分析战略对手的子目标包括这样一些内容：战略对手的总目标是否为其各个部门接受？各个部门接受战略总目标的程度体现出对手内部是否存在矛盾和摩擦，这种矛盾和摩擦可能消耗战略对手的意志、资源；战略对手的阶段目标或部门目标之间是否协调？战略对手面临的风险是什么？战略对手如何控制子目标，如何激励子目标的实现？战略对手如何评估成本与收益等。

分析战略对手的战略目标，可以明确其战略重点，相应地制定自己的战略，避免威胁到战略对手达到其主要目标从而引发激烈竞争的战略行为，也可以制定针对对手战略目标的战略，与对手进行直接或激烈的较量。当然，现实中达成自身战略目标有时是通过逼迫对手让步而实现的。

二、战略对手的战略判断

以往的战略评估将"意图"等同于观念、目标和决心等，缺乏分析战略对手的战略判断，柯林斯就认为意图是一个国家实行某种计划的决心，由利益、目标、政策、原则和义务构成。[①] 显然，柯林斯的意图不包括战略判断。其实战略判断也体现了战略意图。分析战略对手的战略判断包括两方面内容：

（一）战略对手的自我战略定位

任何国家的战略都对自己情况有所认知和判定，例如美国将自己定位为"世界领导"，中国将自己定位为"发展中国家"，日本发誓不做"世界二流国家"。这种战略定位可能合理也可能不合理。如果不合理，就给其他对手以可乘之机。比如希特勒实行"种族优越论"，将日耳曼民族定位为"世界上最优秀的民族"，其他民族是

---

① 约翰·柯林斯著，中国人民解放军军事科学院译：《大战略》，战士出版社1978年版，第33页。

"劣等民族"。这种定位极为偏激，成为二战盟国攻击点之一。分析战略对手的自我定位的关键是确定战略对手所做出的战略威胁判断，即分析战略对手确定威胁的种类、依据和标准。比如美国将自己定位为"世界领导者"，在美国看来凡是对其"世界领导"地位造成影响的，都是威胁对象。

（二）战略对手对有关国家的定位

战略对手对有关国家的认知和判定可能恰当也可能不恰当。二战前，英国对德国的认知和判定就不恰当。英国认为在 20 世纪 40 年代之前，德国面临了许多像英国一样的困难，不会带来威胁。张伯伦相信希特勒对他抱有善意，说话当真。① 这种错误的战略判断是英国推行对德国的绥靖政策缘由之一，结果希特勒德国得寸进尺，最终引发第二次世界大战。分析战略对手对有关国家的战略判断，关键是分析战略对手是否将有关国家定位为战略威胁，如果定位为战略威胁，是何种威胁，认定的威胁程度如何。

分析战略对手的战略判断，可以识别战略对手判断环境和威胁的失误和盲点。这些失误和盲点是指没有认识到的事件、认识事件重要性不足，或者认识不及时等。对手战略判断失误和盲点是打败战略对手的最佳切入点。

三、战略对手的战略图谋

战略图谋是运用国家实力削弱对手，以达成战略目标的真实想法。战略图谋是战略对手在有关国家身上要获取的利益与其要达成目标的结合。判断对手的战略图谋，除了根据对手的战略判断外，最关键的是分析战略对手如何运用战略实力。可以从两个角度进行：一个是战略对手的战略途径；另一个是战略对手的战略部署重点。

---

① 威廉森·默里等著，时殷弘等译：《缔造战略：统治者、国家与战争》，世界知识出版社 2004 年版，第 433、435 页。

（一）战略途径

在战略思想史上，关于战略途径的优劣问题一直存在争论。比如孙子重视"避实击虚"，而克劳塞维茨主张"打击重心"。我们知道，资源和实力存在于特定的时间、空间，具有一定的强度。从这三个方面，可以对战略实力运用的途径做如下划分：

一是从战略实力运用的时间角度，主要有激进路线和渐进路线两种途径。激进路线是指在较短时间内迅速达成战略目标，渐进路线是指通过延长时间来消耗对手，进而达成自己的战略目标。在特定时段内，激进路线对有关国家往往构成直接和迫在眉睫的威胁。

运用激进路线的情况：如果战略目标很重要，实现战略目标需要动用强大的资源和能力，实际拥有的资源较为充足，国家战略能力强大，就可以直接对抗。但只有资源极为充足，才有速战速生的可能。否则，就有可能陷入长期消耗。博福尔认为这种战略是"军事胜利"战略。①

运用渐进路线的情况：如果战略目标很重要，实现战略目标需要动用强大的资源和能力，但现实中能动用的资源有限，需要采取长期斗争的战略。其目的是使敌人士气低落、身心疲惫。博福尔认为这种战略是"长期斗争"战略。

二是从战略实力运用的路径角度，主要有直接路线和间接路线两种途径。直接路线是通过实力之间的直接较量来影响对手的意志。直接路线强调国家意志强弱依赖于实力对比，实力强大，国家意志就坚强，在战略竞争中就会坚持到底，反之就会动摇。间接路线是通过影响国家的意志，进而改变或使其实力丧失作用。间接路线强调实力固然很重要，但如果没有国家意志的作用，实力再强大，作用也有限。特定时段内，直接路线的威胁较大。

运用直接路线的情况：如果战略目标具有中等程度的重要性，实现战略目标需要运用的资源和能力有限，而实际拥有丰富的资源，国家战略能力强大，那么只要以使用这些资源和能力为威胁，就足以促

---

① 安德烈·博福尔著，军事科学院外国军事研究部译：《战略入门》，军事科学出版社 1989 年版，第 11—14 页。

使对手接受自己提出的条件。如果只想迫使他放弃改变现状的努力，则更为容易。博福尔认为这种战略是"直接威胁"战略。

运用间接路线的情况：如果战略目标具有中等程度的重要性，实现战略目标需要动用的资源和能力有限，而实际拥有的资源和能力也有限，不足以构成一种决定性的威胁，那么要想达到理想目标，必须采取间接的施加压力的方法，比如采用政治的、外交的，或经济的对其意志产生影响。当环境约束较强时，这种方法最为适应。博福尔认为这种战略就是间接压力战略。

三是从战略实力运用的强度角度，主要有逐步升级和同时投入两种途径。达成战略目标的过程实质上是资源和实力不断消耗的过程。如何消耗实力，主要有两种选择：一种强调逐步升级，即根据威胁程度变化逐步增加或逐步降低所投入的资源和实力，这就是我们常说的"添油加醋""切香肠"；另一种强调同时投入，认为对待威胁应该大规模投入，即"杀鸡用牛刀"。[①]特定时段内，同时投入带来的压力和威胁比逐步升级更强烈。

运用逐步升级的情况：如果战略目标很重要，实现战略目标需要动用的资源和能力有限，实际拥有的资源和能力也有限，要想达到目标，可以采取一系列连续行动。在这些行动中，直接威胁和间接压迫与有限度使用武力相配合。博福尔认为这种战略就是"蚕食"战略。

运用同时投入的情况：如果战略目标很重要，实现战略目标需要动用强大的资源和能力，实际拥有的资源较为充足，国家战略能力强大，就可以大规模投入。

（二）战略部署重点

除了分析战略对手运用战略实力的途径外，在和平时期还可以分析战略对手的战略部署，特别是其战略部署的重点方向。根据战略对手战略部署重点方向与自身的相关性，可以将战略对手的战略部署分为三种类型：

一是削弱型战略部署：削弱型战略部署对有关国家战略能力的

---

① 周丕启：《大战略分析》，上海人民出版社 2009 年版，第 26—39 页。

调动和运用造成了不利影响。包括对抗型战略部署和牵制型战略部署。

对抗型战略部署：战略对手的战略部署明显针对有关国家。比如冷战期间，美苏在欧洲的战略部署就是对抗型战略部署。欧洲当时是美苏战略部署的重点，两个国家建立了两大军事集团北约和华约，针对对方部署主要作战力量，相互对峙。

牵制型战略部署：战略对手战略部署的重点不主要针对有关国家，但对这些国家的战略行动形成约束和牵制。比如 20 世纪 60 年代美国在亚洲建立东南亚条约组织，战略部署重点主要是针对中国，但对越南也形成了牵制。

二是无关型战略部署：战略对手战略部署重点与有关国家没有任何关系。比如冷战期间美苏在欧洲的战略部署，对拉美国家几乎没有影响。

三是增强型战略部署：增强型战略部署对有关国家战略能力的调动和运用具有强化作用。包括支持型战略部署和联盟型战略部署。

支持型战略部署：有关国家战略部署重点针对某国，无形中减轻了某国对另外国家的战略压力。比如两伊战争期间，伊拉克战略部署重点是针对伊朗，伊朗不得不重点对付伊拉克，而对以色列的压力减轻。

联盟型战略部署：战略部署重点与有关国家的全一致，联合应对共同对手。比如冷战期间美国在欧洲战略部署与英国、联邦德国的完全一致。当时英国等西欧国家都将苏联看成是主要威胁，战略部署重点在欧洲，与美国结盟共同应对苏联的威胁。

四、战略对手的战略能力

在战略学界，关于战略能力的含义有两种观点：一种观点认为战略能力就是综合国力，这就是所谓的要素型战略能力。[①] 另一种观

---

① 唐永胜等："结构型战略能力与中国国家安全"，载《国际观察》2007 年第 1 期。

点认为战略能力不是综合国力，综合国力是能力的基础，能力是对实力的运用。① 其实两者并不矛盾，只不过角度不同而已。第一种观点是从战略能力构成要素角度来分析的，而第二种观点是从战略能力的功能角度分析的。

从战略能力的构成要素角度看，战略能力是运用自身具有的资源和优势，有效达成战略目标的能力，是国家实力与手段的统一②。资源和优势是硬实力，而运用硬实力的手段从某种程度讲是软实力，所以从这个角度看，战略能力就是综合国力；从战略能力的功能角度看，战略能力包括内在能力和外在能力两个方面。内在能力是国家有效调动所拥有资源和实力的能力，是国家赢得竞争的根本，即我们常说的核心能力。外在能力则是国家将调动起来的资源和实力影响国家外部特定领域的能力。分析对手的战略能力，既可以从构成要素角度进行，也可以从功能角度进行。前面我们分析的综合国力，从某种角度也可以看成是从要素角度分析战略能力，这里主要从功能角度分析战略能力的构成。

（一）内在能力：核心能力

核心能力概念来源于管理学界，最早由普拉哈拉德和哈默尔提出。两位学者认为企业核心产品是核心能力的物质体现，也是核心能力的市场体现。现代企业的市场竞争表现为最终产品的竞争，核心能力是企业获得竞争优势的源泉。其后关于核心能力的理论流派纷呈。以梅耶和厄多巴克为代表的技术流派认为核心能力是研发能力、生产制造能力和营销能力；以巴顿为代表的知识流派强调知识是核心能力，学习是提高核心能力的重要途径；以巴尼为代表的文化流派认为核心能力不仅存在于企业的操作系统中，而且存在于文化系统中；以埃里克森为代表的组织流派强调核心能力既是组织资本，又是社会资本，重视组织在核心能力的协调作用。总体来说，核心能力是国家的内部活动，包括创新能力、技术能力、战略管理

---

① 杨毅："国家战略能力的建设与运用"，载《新视野》2012年第3期。

② 约翰·柯林斯著，中国人民解放军军事科学院译：《大战略》，战士出版社1978年版，第33页。

能力和战略文化等四个方面。

核心能力具有以下特点：一是价值性，即能利用机会、降低威胁而创造价值；二是稀有性，即其他对手缺乏；三是难模仿性，即其他对手不能轻易建立或形成；四是不可替代性，即不具备战略对等的资源①。符合这些特点的能力就是核心能力。核心能力是一个国家的强势所在，也是国家在竞争中最终取胜的根源。

（二）外在能力：影响外部环境的能力

主要包括这样一些能力：一是反应能力。战略对手对其他国家行为做出反应的能力，或者主动发起进攻的能力。这种能力由如下一些因素决定：资源的丰富程度，资源越丰富，越有可能做出快速反应；内部协调一致性，内部之间不存在矛盾和摩擦，反应速度有可能提高；机制运转的灵活性，机制健全、运转灵便，将增强快速反应能力。二是适应能力。战略对手适应环境变化的能力，主要包括这样一些方面：战略对手对总体环境变化适应情况，总体环境变化可能导致资源投入需求的变化；战略对手对特定领域变化适应情况，特定领域变化可能导致竞争程度变化，会引起竞争成本与收益的变化；战略对手是否与其他国家结成联盟，联盟关系将影响战略对手适应变化的能力。三是持久能力。战略对手支撑资源消耗造成压力的持久战能力。这种能力取决于这样一些因素：资源储备情况；资源配置合理程度；国家控制和汲取资源的程度。

分析战略对手可以从两个层次进行：一个层次是全面对抗性的战略对手即主要领域都存在对抗，比如美苏之间；另一个层次是特定领域对抗性的战略对手，比如在核领域美国与伊朗，或者全面对抗性的战略对手在特定领域的对抗情况，比如核领域美苏之间的对抗。这两个层次的战略对手都可以通过战略目标、战略判断、战略图谋和战略能力四个方面来分析，都可以据此区分出主要战略对手、次要战略对手、一般战略对手、潜在战略对手和非战略对手五大类。

---

① 战略资源对等性是指两种或多种资源在执行相同战略时，能分别产生类似的价值，这样的资源就具有战略对等性。

第四节　国家内部环境分析

国家内部环境涉及到国家内部的资源、管理、组织、文化等诸多方面。国家内部环境评估的本质是通过分析上述诸方面，找出自身所具有的优势和劣势，确定能做什么和不能做什么，能做到什么程度和不能做到什么程度。在大战略领域，国家内部环境分析的关键是评估国家内在的核心能力。[①]

一、核心能力分析

资源、实力是国家应对威胁的基础，而核心能力是关键。分析国家核心能力，首先要明确国家核心能力的构成要素。国家战略能力很多，关键的是创新能力、技术能力、战略管理能力和战略文化等构成的核心能力。这些核心能力渗透到几乎所有领域，影响到国家在政治、经济、军事、文化等各个领域的活动。

一是创新能力是核心能力的关键。国家核心能力的培育和提升，实质上是国家不断创新的过程，包括技术创新、管理创新、组织创新等。技术创新是获得和保持核心能力的根本[②]；管理创新包括管理理念、管理机制和管理方法的创新，是提升核心能力的

[①] 不同战略学派关于国家内部环境评估有不同看法。战略规划学派和战略适应学派认为国家内部环境评估包括国家内部的经济、政治、社会、文化等领域；战略定位学派并不关注内部环境评估，后来迈克尔·波特认为内部环境评估主要是企业或组织的价值链评估；战略资源学派认为内部评估主要是基础资源或核心能力的评估。在国家安全领域，国家内部环境评估既要评估内部的政治、经济、社会、文化等方面，也要评估国家资源和能力。我们这里的国家安全环境侧重外向性，内部环境评估重点是国家自身的资源或核心能力。

[②] 熊彼特认为创新能力是若干能力的组合，其中技术创新能力是创新能力结构系统中最核心的能力要素，而制度创新能力是创新能力结构系统中的基础能力要素。转引自魏江：《企业技术能力论》，科学技术出版社 2002 年版，第 33—39 页。

主要途径；组织创新是组织为了能够适应外部环境和内部条件，重新调整结构、重新确立制度、再造流程的过程，是增强国家核心能力的关键环节，没有它，甚至连技术创新和管理创新都难以实现。

二是技术能力是核心能力的基础。科学技术是第一生产力，也是第一军事能力，技术能力的强弱从根本上决定国家的核心能力，包括技术引进能力、技术吸收能力以及自主技术创新能力。技术引进能力是指根据国内外技术发展动态，决定、选择和购买合适的技术，通过技术工程化实现对引进技术的模仿；技术吸收能力是对引进技术进行分析、综合，并逐步转化为自身技术的能力；自主技术创新能力是对消化吸收的技术进行再加工，通过组织、生产、扩散实现战略效益。

三是战略管理能力是核心能力的催化器。战略管理能力强弱影响到国家培育和增强核心能力所需要的各种资源、知识等动员和整合程度。从某种角度讲，国家之间的竞争是国家战略管理能力的竞争，历史上对世界历史产生巨大影响的国家，其战略管理能力也较强。通过强大的战略管理能力，国家可以调动、整合内外资源，达成既定战略目标。一个国家的战略管理能力涉及众多因素，主要包括战略规划能力、战略实施能力和战略控制能力。战略规划是指一个组织运用和配置资源实现战略目标而做出决策的过程，战略规划能力包括战略前瞻能力和战略决策能力；战略实施能力是将战略规划落到实处的能力，包括资源配置能力、战略执行能力和战略驱动能力[①]；战略控制能力是通过检查、监督和纠偏等多种手段，保证战略目标顺利达成的能力，包括绩效管理能力、战略监督能力和战略

---

① 关于战略执行能力的理论是近年来管理学兴起的一种理论，被引入战略学界。关于战略执行能力的概念可以分为两大类：第一种是广义的战略执行力。该类定义将战略执行力看成是战略实施的系统过程，几乎包括组织的所有活动，比如有的学者就认为战略执行力是通过利用一系列系统、组织、文化以及技术操作方法等手段将决策变为成果的努力。第二种是狭义的战略执行力。该类定义将战略执行力看成是单纯的将战略规划落实为成果的过程。参见李文强：《虚拟企业战略执行力与企业绩效关系研究》，天津大学 2011 年博士论文。

修正能力。①

　　四是战略文化是影响核心能力的长期性因素，是国家在长期的战略竞争中形成的具有本国特征的基本信念、价值观念、道德规范、规章制度、文化环境等的综合。② 战略文化涉及到凝聚力和先进性问题。战略文化凝聚力是指战略决策者的观念与本国主导文化的一致性程度，也就是战略决策者内化本国主导文化的程度③。战略文化先进性是指自身战略文化是否符合时代潮流。如果符合时代潮流，就能够进一步增强本国的核心能力；否则，可能削弱本国的核心能力。

　　不同的国家在上述四种能力要素方面有自己的特点，这种特点构成了自身独特的核心能力，这种独特的核心能力是国家最终战胜对手、赢得战争和竞争的关键。

　　增强核心能力，首先要能够有效识别出自身已具有的能力是否是核心能力，然后再对症下药。识别核心能力的方法很多，比如可以根据前面论述的价值性、稀有性、难模仿性和不可替代性四项标准来判断某项能力是否是核心能力，如果符合上述标准，就是核心能力。有学者将上述标准具体化，提出"无法学、学不全、不愿学、

---

　　① 战略控制最早是美国企业界在探讨预算控制、成本分析、盈利等问题时提出的。战略控制能力中最关键的是绩效管理能力，美国在世界上最早实施国家层次的绩效管理。1973 年尼克松总统出台《联邦政府生产率测定方案》。1974 年福特总统成立一个专门部门，该机构主要职责是进行政府行为的成本收益分析。1993 年副总统戈尔建立一个专门研究小组，提出了《国家绩效评估报告》，该报告规定所有联邦政府对可测量的目标提交正式报告，所有联邦政府部门要将自己的目标清晰化，对优秀的政府部门颁发国家质量奖。同年，美国国会通过《政府绩效和结果法》，以法律形式规定了国家要实行绩效管理。2000 年小布什就任总统后，不断推进联邦政府的管理改革，但以绩效为导向的绩效管理原则没有变化。2001 年美国政府实施《总统管理方略》，将政府管理转化为五个行动方案：以公民为中心的电子政府、绩效管理、财政管理改革、采购竞争化、以市场为基础的政府改革。

　　② 1977 年美国学者杰克·斯奈德在《苏联的战略文化》报告中提出"战略文化"一词。目前关于战略文化的研究集中于战略文化的功能方面，主要有"决定论""工具论"和"干预变量"等流派。

　　③ 李晓燕：《战略文化与主导文化的一致性研究：以中国明代为个案》，外交学院 2007 年博士论文。

不怕学、不敢学、难替代"的识别标准。① 无法学：国家是否拥有不可流动的稀缺与专用资源和能力；学不全：国家是否拥有不可模仿的经验知识和做法；不愿学：其他国家是否因为不了解某领域的特点而对此无兴趣；不怕学：国家是否具有先发优势不怕其他国家超越；不敢学：潜在竞争者是否因对参与竞争望而却步主动回避；难替代：竞争者是否很难制造出与本国功能相似的产品。

二、价值链分析

核心能力是国家所拥有资源和实力的有效转化，是转化结果中最精华的部分。资源和实力转化能否有效和持久，能否转化出精华即核心能力，以及核心能力能否发挥作用，依赖国家内部的价值链。价值链理论最早是美国战略管理学家迈克尔·波特提出。他认为核心能力是国家赢得竞争的基础，但这种能力能否发挥作用取决于国家内部的价值链，即国家发挥资源、能力和核心能力的渠道。价值链是国家形成核心能力、核心能力发挥作用的助推器，其作用是将核心能力由静态转为动态，是国家获得优势的一个关键来源。②

国家的价值链由基本活动和支持活动组成。波特认为基本活动和辅助活动都有各自的职责和任务，两者相互协调和促进，在一个完整的生产过程中逐步创造出越来越高的价值。当然，并不是每个环节都创造价值。一个企业或国家所创造的价值实际上来自价值链上某些特定的活动，这被称之为价值链的"战略环节"。在价值链的每个链条环节中，企业或国家的每一个功能部门都在直接或间接地创造价值。从价值链分析可以看出，真正的核心能力是关键的价值增值活动，价值链是否合理、价值链的"战略环节"能否发挥作用，是形成和增强国家核心能力的关键。

---

① 项保华：《战略管理艺术和实务》，华夏出版社 2001 年版，第 142—144 页。

② 迈克尔·波特著，陈小悦译：《竞争优势》，华夏出版社 2009 年版，第 36 页。

（一）基本活动

价值链的基本活动是核心，是资源和能力发挥作用的主途径。从战略角度看，国家价值链的基本活动包括将资源从静止、投入以及在相关领域发挥作用等一系列环节，其中的"战略环节"主要有资源和能力的动员、资源和能力投送、发挥作用、持续作用等环节。所谓资源和能力的动员，就是将国家拥有的资源和能力进行汲取，从静止状态转向运用状态；所谓投送，就是将动员起来的资源和能力投送到相关领域；所谓发挥作用，就是投送到相关领域的资源和能力发挥实际作用，产生效果；所谓持续作用，就是增加或保持资源和能力的持续投入，或促使已经投入到特定领域的资源和能力继续发挥作用，最终实现目标。

国家价值链的基本活动是影响核心能力的关键。美苏之间的竞争中苏联之所以最后失败，原因之一是资源和能力转化效率不断下降。比如苏联国民收入增长率 1966—1970 年为 7.8%，1971—1975 年为 5.7%，1976—1980 年为 4.8%，1981—1985 年为 3.6%。[1] 每一卢布生产性投资带来的国民收入由 1966—1970 年的 39 戈比，下降到 1971—1975 年的 26 戈比，1976—1980 年更降到 20 戈比。与美国相比，苏联的资源和能力转化效率也不高，1980 年苏联的社会劳动率相当于美国的 1/3，工业劳动率为美国的 55%，农业劳动率不到美国的 15%。[2] 1980 年美国一个农业工人生产的粮食足够供应 65 人，而苏联的一个农业工人生产的粮食只能供给 8 人。[3] 导致苏联资源和能力转化效率下降的主要原因是国家价值链的基本活动效率下降。

---

① Cf. Stephen White, et al., *Communist and Post communist Political Systems: An Introduction*, London: Macmillan Press Ltd., 1990, p. 225.

② 薛君度等主编：《新俄罗斯政治、经济、外交》，中国社会科学出版社 1997 年版，第 12 页。

③ 保罗·肯尼迪著，王保存等译：《大国的兴衰》，求是出版社 1988 年版，第 526 页。

（二）支持活动

基本活动要发挥有效作用，需要一些支持性活动，这些活动包括资源准备、管理制度、基础设施等。所谓资源准备，就是根据基本活动的需要，做好资源和能力的准备，涉及到人力、物力、科技和财力等方面；所谓管理制度，主要是指支撑基本活动的规则、准则、法律等；所谓基础设施，是指保障基本活动的硬件和软件等，硬件比如交通、通讯等，软件包括组织机构、文化传统等。这三个方面的活动对价值链的基本活动具有支撑作用。

价值链的基本活动和支持活动应相互协调。大国之间的竞争，除了要加强基本活动外，还要重视资源准备、管理制度和基础设施等三个方面的支持活动。首先，加强资源准备，即夺取更多的资源。资源的贫乏、优劣，影响到价值链基本活动的资源和能力动员。资源和能力越丰富、强大，动员起来就相对容易；反之，就有一定的难度。大国之间的资源竞争比如石油、人才等实质上是为各自价值链的基本活动做准备。国家结盟也是争取资源的一种方式。其次，加强管理制度建设，即优化和健全各项制度和机制，使其更加合理。管理制度涉及到价值链基本活动的各个方面，制度合理，不仅资源和能力动员有序和迅速，其投送和发挥作用也会高效有力。在美苏竞争中苏联经济领域价值链的基本活动效率下降的原因很多，但不容忽视的是苏联管理制度僵化。这种僵化的管理制度不仅不能有效地转化既有的资源，还造成了大量的浪费。[1] 另外，加强基础设施建设。交通、通讯、信息等对于国家价值链的效率具有重要作用，[2] 世界上大凡竞争力强大的国家无不基础设施优良，如美国、德国、日本等。

不同领域具有不同的价值链。一个国家在所有领域的价值链构成了一个创造价值的体系，这个体系就是国家模式。大国的竞争其

---

① 格·阿·阿尔巴托夫：《苏联政治内幕：知情者的见证》，中国社会科学出版社 1997 年版，第 294—302 页。

② 迈克尔·波特著，李明轩等译：《国家竞争优势》（上），中信出版社 2012 年版，第 68 页。

实就是价值链的竞争，是国家模式的较量。① 通过能力分析和价值链分析，不仅要找出自身能力的优势和不足，关键的是要找出导致核心能力不足的根源所在，以便对症下药增强核心能力，提高国家战略能力。

战略的精髓是保持目标与手段的均衡。战略环境分析是大战略规划的前提。通过战略环境分析，明确威胁和机会，找出自身的优势和劣势，确定战略目标，根据目标选择手段、运用能力，这就是战略学界目前常用的 SWOT 分析公式。所以，"要想思考明天的战略问题，必须重视未来战略环境的评估"②。

① 刘江永："国家模式决定大国兴衰"，载《人民论坛》2012 年第 5 期。
② 钮先钟：《战略研究》，广西师范大学出版社 2003 年版，第 179 页。

第四章
大战略评估方法

大战略环境评估是大战略评估的重要组成部分。大战略环境包括国际战略环境、特定领域战略环境、战略对手和国内安全环境等四个方面。本章主要介绍目前战略学界在评估战略环境时经常使用的一些方法，并结合大战略研究的特点，对这些方法进行一定程度的改进。

第一节 国际战略环境评估方法

国际战略环境评估包括两个方面，即现状评估和趋势评估。现状评估主要是国际格局评估，趋势评估则是国际进程评估。

一、国际格局评估方法

国际格局是大国实力的对比。国际格局评估是对主要国家实力进行分析及比较，即对综合国力进行评估。

（一）关于综合国力评估的方法

综合国力评估由来已久。孙子和克劳塞维茨都提出过评估国家实力的方法。20世纪70年代之前，综合国力评估注重定性分析。随着行为主义兴起，出现了将综合国力构成要素量化的趋势。1965年德国威廉·福克斯出版《国力方程》一书，提出人口、钢产量和能源产量是强国的重要指标，这是综合国力评估量化评估的开始。到目前为止，真正对综合国力评估产生巨大影响的是 1977 年美国学者克莱因提出的国力方程式。他提出的国力方程式是：$P = (C + E + M) \times (S + W)$。在这个公式中，$(C + E + M)$ 代表物质实力，$(S + W)$ 代表精神实力。克莱因方程式影响巨大，现今的各种综合国力评估基本上都依此发展而来。

目前，关于综合国力评估的问题，学术界主要存在两个方面的分歧：一是综合国力评估指标存在差异。许多学者提出了综合国力的不同构成要素。除了前面提到的学者外，还有一些学者在提出综合国力评估方程式时，也提出了自己的综合国力构成要素。克莱因在提出综合国力方程式时选取了 6 项指标即人口、领土、经济、军事、战略意图、国家意志作为综合国力的构成要素。日本学者星野昭吉提出 11 项综合国力要素：领土、地理配置、气候、地势；天然资源、能源、粮食产量；人口及规模、密度、年龄、性别构成、国民收入；工业设备的规模和能力；交通、通讯网络的覆盖及效能；教育体制、研究设施、科学、技术精英的数量与质量；军事力量的规模、训练、装备、意图；政治、经济、社会体制的性质与强度；外交官与外交的质量；领导者的政策与态度；民族性与民族士气。[1]国内研究综合国力的学者以黄硕风为代表。他在提出 $Yt = F [K(t), X1(t), X2(t)]$ 国力方程式时，指出综合国力由硬实力和软实力构成，硬实力由经济力、科技力、国防力和资源力构成，软实力由政治力、文教力和外交力构成。[2]

一般说来，进行任何战略评估都要设置评估指标。评估指标的设置应遵循这样一些原则：（1）系统性原则。战略评估涉及评估对象多个方面，每个方面又涉及多种要素。战略评估是综合性评估，必须采用系统设计、系统考虑、系统评估的原则，使设置的各个指标相互补充，且层次分明，形成的指标体系能够反映评估对象主要方面的整体情况。还要考虑指标数量是否得当，太少难以反映实际情况，太多容易出现重复、冗余。综合国力评估的指标既不能保罗

---

① 星野昭吉著，刘小林等译：《变动中的世界政治》，新华出版社 1999 年版，第 289 页。

② 黄硕风：《综合国力新论》，中国社会科学出版社 1999 年版，第 98 页。

万象，几乎无所不包，实际操作起来难度较大；也不能太简洁，漏掉了一些重要要素，要将那些能够反映时代特征的要素纳入其中。（2）可行性原则。设置指标时，指标含义应清晰、明确，数据来源可靠，尽量避免由于歧义而对指标有误解。当然，指标设置不能过分精确和完美，否则会无法搜集到足够的资料，或资料搜集成本过高。（3）可比性原则。战略评估实质是战略比较，设置的指标应在相关国家之间具有一定的适应性，所涵盖的空间、时间、内容和计算口径应可比、通用。

二是评估指标的权重存在差异。在克莱因方程中：P 代表综合国力，满分为 500；C 表示国家基本实体，包括人口和领土，满分100；E 表示经济实力，满分200；M 表示军事实力，满分200；S 代表战略意图，标准系数为 0.5；W 表示推行国家战略的意志，标准系数 0.5。显然，从这些赋值可以看出他比较看重的是经济实力和军事实力。黄硕风将硬实力要素经济力、科技力、国防力和资源力分别赋值0.35、0.30、0.17 和 0.18，同时将四大硬实力进一步分解，经济力分解为总量指标、人均指标、产业结构、生活水平；科技力分解为科技队伍、科技投资、科技水平和科技进步贡献力；国防力分解为武装力量、武器装备、国防经济力、国防科技力和国防意识和智力；资源力分解为人口数质量、国土海洋领空、自然资源和环境保护，并分别赋了值。[1] 将软实力的政治力、外交力和文教力分别赋值 -0.4—0.8、-0.3—0.6 和 -0.3—0.6。还将上述三大软实力进一步分解，将政治力分解为国家战略、政治体制、政府素质和国民凝聚力；将外交力分解为外交政策、对外活动、对外援助和国际影响力；将文教力分解为文教队伍数质量、文教投资、教育普及率和广电影视出版，并对每一项分别赋予 -0.075 到 0.25 之间不同的数值。[2]

---

① 黄硕风：《综合国力新论》，中国社会科学出版社 1999 年版，第 112—113 页。

② 黄硕风：《综合国力新论》，中国社会科学出版社 1999 年版，第 114页。

对评估指标赋予一定的权重是战略评估的关键。获取权重的方法有很多，基本上分为主观赋值法和客观赋值法两种，[①] 这两种方法各有优缺点。主观赋值法包括直接打分法、专家调查法和层次分析法等，主要依赖评估主体或专家自身的知识、经验和价值判断，可以按照重要程度，有效地确定各指标的权重先后顺序，不至于出现指标权重与实际重要程度脱离太远的情况，而这种情况在客观赋值法中可能出现。主观赋值法的最大不足在于可能有很大的主观随意性；客观赋值法是根据指标之间的联系程度以及各指标所提供的信息大小、对其他指标的影响程度等来度量，因此权重的客观性强。客观赋值法主要有多元统计分析法、熵值法等。但客观赋值法也有不足，就是没有考虑到决策者的主观意向，确定的指标权重可能与人们的主观愿望或实际情况不一致。

（二）综合国力评估的层次分析法

国际格局是大国实力的对比。评估国际格局，首先要评估各个国家的综合国力，找出实力强大的国家，以此确定国际格局的类型。战略学界在进行综合国力评估时虽有差异，但总体来说国力评估已成为评估国际格局的主流方法。

我们采用层次分析法确定综合国力评估指标。层次分析法是美国运筹学家萨特于1973年首次提出的。它的基本思想是把复杂的问题分解为各个组成因素，将这些因素按照支配关系分组，形成有序的递阶层次结构，通过两两比较的方式确定同层次中各个因素的相对重要程度，然后再确定各个因素相对重要性的总顺序。运用层次分析法进行综合国力评估的步骤：

一是建立层次结构模型。将国家综合国力指标分为两个层次：第一层次用 A_i 表示，包括资源力、经济力、军事力、文化力和外交

[①] 马亚龙等：《评估的理论和方法及其军事应用》，国防工业出版社 2013 年版，第四章。

力。我们认为综合国力由硬实力和软实力构成[1]；硬实力由资源力、经济力和军事力构成，软实力由文化力和外交力构成，它对硬实力有缩减或增强的作用。第二层指标是在第一层下再设具体指标，用 a_n 表示，具体是资源力由人口数质量、国土面积、重要资源拥有量等构成；经济力由 GDP、国际贸易、金融地位等构成；军事力由军费开支、军队数量、武器数量和质量等构成；文化力主要是国家倡导的价值观为社会接受的程度；外交力由建交国数量、盟国数量和在国际组织中地位等构成。

第一层指标 A_i	第二层指标 a_n	
资源力 A_1	人口数质量	a_1
	国土面积	a_2
	重要资源	a_3
经济力 A_2	GDP	a_4
	国际贸易	a_5
	金融地位	a_6
军事力 A_3	军费开支	a_7
	军队数量	a_8
	武器装备	a_9
文化力 A_4	价值观接受程度	a_{10}
外交力 A_5	建交国数量	a_{11}
	盟国数量	a_{12}
	在国际组织地位	a_{13}

---

[1] 国际关系理论的现实主义基本上不太重视软实力的作用，强调国家的实力主要是经济实力和军事实力，比如米尔斯海默指出国家权力就是军事权力，根本否认诸如战略文化等软实力的作用。自由主义在重视诸如经济实力和军事实力作用时，更强调价值观、对外政策的作用，并将其等同经济、军事作用，比如约瑟夫·奈指出美国霸权除来源于经济规模、科技领先地位、军事力量外，还强调"普世性"文化、自由开放的国际机制等。参见约翰·米尔斯海默著，王义桅等译：《大国政治的悲剧》，上海人民出版社 2008 年版，第 62 页。以及约瑟夫·奈著，刘华译：《美国注定领导世界?》，中国人民大学出版社 2012 年版，第 29 页。

　　计算综合国力构成要素的方法是看这些要素占世界的比重，比如资源实力中的人口数质量，计算方法是人口占世界人口的比重，受过高等教育人口占世界同类人口的比重。国土面积则是看其占世界陆地面积的比重。重要资源控制量是看控制的淡水、石油、金属等占世界拥有量的比重；经济实力中的 GDP 主要看其占世界 GDP 的比重，国际贸易主要看其占世界贸易的比重，金融地位主要看货币国际化程度；军事实力中的军费开支主要看其占世界军费开支的比重，军队数量主要看其占世界军队人数的比重，武器装备主要是主战装备占世界的比重。软实力中的文化实力主要看国家倡导的价值观、推广的文化为国际社会接受的程度；外交实力计算方法是看建交国数量、盟国数量占世界上国家数量的比重，在国际组织中的地位主要是看在重要国际组织的投票权等。也可以像黄硕风那样，对综合国力各层次要素赋值，根据一定程序直接计算出结果。①

　　二是确定判断矩阵。判断矩阵是层次分析法的核心。通过专家打分法确定判断矩阵。根据层次结构模型来确定各指标之间的支配关系即隶属关系。层级结构里上一层指标对下一层指标具有隶属关系。在确定下一层次指标权重时，必须受到上一层次指标的支配。对某一层次指标进行两两比较确定重要性。指标的相对重要性需要用具体的数值标度表示，这里采用 1 到 9 的比例标度。下面是 1 到 9 数值标度的含义。

数值标度	含义
1	a_i 和 a_j 相比，两者具有同等重要性
3	a_i 和 a_j 相比，a_i 比 a_j 稍微重要
5	a_i 和 a_j 相比，a_i 比 a_j 明显重要
7	a_i 和 a_j 相比，a_i 比 a_j 强烈重要
9	a_i 和 a_j 相比，a_i 比 a_j 极端重要
2、4、6、8	上述两相邻判断间的中间值
以上各倒数	两指标反过来比较

---

① 参见黄硕风：《综合国力新论》，中国社会科学出版社 1999 年版。

例如对于某一层次的子目标 a_1 和 a_2，如果认为 a_1 稍微重要于 a_2，则 $a_{12} = 3$，$a_{21} = 1/3$；如果认为 a_1 明显重要于 a_2，则 $a_{12} = 5$，$a_{21} = 1/5$。有 n 个指标，可以得到两两比较判断矩阵 A 如下：

$$A \begin{Bmatrix} a_{11} \cdots a_{1j} \\ a_{21} \cdots a_{2j} \\ \cdots \\ a_{i1} \cdots a_{ij} \end{Bmatrix} \quad i = 1, 2, \cdots n; \ j = 1, 2, \cdots n$$

三是计算单一基准下指标的相对权重。第一级和第二级权重的计算方法一样。根据两两比较矩阵得到的标准两两比较矩阵，求出与之相应的特征向量，即得出综合国力评估指标在同一标准下的权重。求权重的方法有很多，最具代表性是特征根法，即通过求解判断矩阵 A 的最大特征根 λmax，得到相应的特征向量 AW = λmaxW，W 的分量就是相应于 n 个指标的重要性，即权重。

（1）建立标准比较矩阵。计算每列两两矩阵总和：$a_j = a_{1j} + a_{2j} + \cdots + a_{ij}$。将两两比较矩阵的每一指标除以相应列的和，所得商组成一个标准两两比较矩阵。

$$B = \begin{Bmatrix} b_{11} & b_{12} \cdots b_{1j} \\ b_{21} & b_{22} \cdots b_{2j} \\ & \cdots \\ b_{i1} & b_{i2} \cdots b_{ij} \end{Bmatrix}$$

（2）计算各指标在同一标准下的权重。计算标准两两矩阵每一行的平均值 b_j，即是各指标在同一标准下的权重，也是该标准下的特征向量。

四是一致性检验。为了评估各层次排序的有效性，必须对判断矩阵的评定结果进行一致性检验。

（1）计算赋权和向量。由被检验的两两比较矩阵 A 乘以特征向量 b_j，所得即为赋权和向量 C。

$$C = \begin{Bmatrix} a_{11} \cdots a_{1j} \\ a_{21} \cdots a_{2j} \\ \cdots \\ a_{i1} \cdots a_{ij} \end{Bmatrix} \begin{Bmatrix} b_1 \\ b_2 \\ \cdots \\ b_j \end{Bmatrix} = \begin{Bmatrix} C_1 \\ C_2 \\ \cdots \\ C_j \end{Bmatrix}$$

每个赋权和向量特征 C_j 除以对应的特征向量 b_j，即 $e = C_j/b_j$。计算出 n 个 e 的平均值，$\lambda max = (e_1 + e_2 + \cdots + e_n)/n$。

（2）计算一致性比值 CR。一致性检验要通过一致性指标和检验系数进行。一致性指标 $CI = (\lambda max - n)/(n-1)$，检验系数 $CR = CI/RI$。其中 RI 是平均一致性指标，可以通过下表查得。当 CR < 0.1 时，可以认为判断矩阵是一致性的。否则，需要重新调整判断矩阵。

一致性数值

阶数	1	2	3	4	5	6	7	8
RI	0	0	0.58	0.89	1.12	1.24	1.32	1.41
阶数	9	10	11	12	13	14	15	
RI	1.45	1.49	1.52	1.54	1.56	1.58	1.59	

五是建立综合国力评估模型。通过上述计算可以确立评估战略对手的指标体系。如下表：

第一层指标	符号	权重	第二层指标	符号	权重
资源力	A_1	b_1	人口数质量	a_{11}	b_{11}
			国土面积	a_{12}	b_{12}
			重要资源	a_{13}	b_{13}
经济力	A_2	b_2	GDP	a_{21}	b_{21}
			国际贸易	a_{22}	b_{22}
			金融地位	a_{23}	b_{22}
军事力	A_3	b_3	军费开支	a_{31}	b_{31}
			军队数量	a_{32}	b_{32}
			武器装备	a_{33}	b_{33}
文化力	A_4	b_4	主流文化接受程度	a_{41}	b_{41}
外交力	A_5	b_5	建交国数量	a_{51}	b_{51}
			盟国数量	a_{52}	b_{52}
			国际组织地位	a_{53}	b_{53}

综合国力评估模型 $P = (A_1 \times b_1 + A_2 \times b_2 + A_3 \times b_3) \times (A_4 \times b_4 + A_5 \times b_5)$。其中，硬实力中的资源力 $A_1 = a_{11} \times b_{11} + a_{12} \times b_{12} + a_{13} \times b_{13}$，经济力 $A_2 = a_{21} \times b_{21} + a_{22} \times b_{22} + a_{23} \times b_{23}$，军事力 $A_3 = a_{31} \times b_{31} + a_{32} \times b_{32} + a_{33} \times b_{33}$，文化力 $A_4 = a_{41} \times b_{41}$，外交力 $A_5 = a_{51} \times b_{51} + a_{52} \times b_{52} + a_{53} \times b_{53}$。

这里通过层次分析法并结合实际情况来获取指标的权重（没有完全按照层次分析法来获取权重）。硬实力的各项指标权重如下：

第一层指标	权重	第二层指标	权重
资源力	0.30	人口数质量	0.25
		国土面积	0.35
		重要资源	0.40
经济力	0.35	GDP	0.30
		国际贸易	0.35
		金融地位	0.35
军事力	0.35	军费开支	0.30
		军队数量	0.30
		武器装备数质量	0.40

软实力的权重如下：

第一层指标	权重	第二层指标	权重
文化力	0.55	文化为国际社会接受程度	1.0
外交力	0.45	盟国数量	0.50
		国际组织地位	0.50

资源力 R = 人口数质量 × 0.25 + 国土面积 × 0.35 + 资源控制量 × 0.40，经济力 E = GDP × 0.30 + 国际贸易 × 0.35 + 金融地位 × 0.35，军事力 M = 军费开支 × 0.30 + 军队数量 × 0.30 + 武器装备 × 0.40，硬实力 = R + E + M。软实力中的文化力 C = 文化为国际社会接受程度 × 1.0，外交力 D = 盟国比重 × 0.50 + 国际组织地位 × 0.50，软实

力 $= C + D$。国家的综合国力 $P = （0.30 \times R + 0.35 \times E + 0.35 \times M）\times （0.55 \times C + 0.45 \times D）$，这就是我们提出的综合国力评估的具体模型。

六是确定国际格局类型，即是单极、两极还是多极。根据上述综合国力评估模型对世界主要国家综合国力进行计算，比较计算结果。如果有一个国家的综合国力超过其他任何一国至少 30%，就是单极格局；如果有两个国家的综合国力分别超过两者之外其他任何一国至少 30%，但相互间的差距不超过 30%，就是两极格局；如果有多个国家的综合国力分别超过其他国家的至少 30%，但相互之间的差距不超过 30%，就是多极格局。

综合国力评估最大特点是静态性评估，有的学者提出动态国力方程，试图赋予综合国力方程式时间因素，但从其评估所采纳的数据看，依然是一种静态评估。[①]评估国际格局的变动，主要看综合国力构成要素的变化情况。有学者之所以认为中国到 2023 年将成为与美国比肩的准超级大国，就是依据中国的综合国力要素将会得到平衡发展，即军事、政治和文化等实力要素会以与经济相似甚至更快的速度发展，由此认为到 2023 年国际格局将由"一超多强"演变为"两超多强"。[②]

评估国际格局目的之一是确定国家面临的国际体系结构压力。单极体系中，如果本国是最强大的国家，压力不大；如果本国实力排在第二的，压力最大；其他国家压力也不大。在两极体系中，如果本国是两极中的一极，压力最大；如果本国属于两极阵营的一员，压力较大；如果是两极之外的，而且实力仅次于两极的，压力较大；其他国家，压力最小。在多级体系中，如果本国是其中一极，压力最大；其他国家压力不太大。

---

① 胡鞍钢等："中美日俄印综合国力的国际比较"，载阿什利·泰利斯等著，门洪华等译：《国家实力评估：资源 绩效 军事能力》，新华出版社 2002 年版，第 13—14 页。

② 阎学通：《历史的惯性：未来十年的中国与世界》，中信出版社 2013 年版，第一章。

二、国际进程评估方法

国际进程是国家之间的互动，既包括国际进程的现状，又包括国际进程到未来某时刻的情况。国际进程评估侧重于未来趋势评估。在战略领域，趋势评估一般不超过 10 年，至多 20 年。如果只评估国际格局，有可能导致失误。现实主义最大的失误就是没有预测到冷战结束、两极解体。导致这种失误的原因之一是忽视了国际进程对国际格局的反作用。评估国际格局，基本上可以确定国际进程大体形态，但这种形态只是当下的。国际进程最大特点是动态，正是这种动态性又推动了国际格局的变化。

评估国际进程，需要考虑进程涉及到政治、经济、技术、文化和军事五大因素，即采取 STEMP 方法，这是目前战略学界评估国际进程经常采用的方法，该方法是对管理学 STEEP 的借鉴。S 代表社会文化领域，T 代表技术领域，E 代表经济领域，M 代表军事领域，P 代表政治领域。STEMP 方法评估国际进程的步骤如下：

（一）确定 STEMP 各个领域的主要事项

确定的事项必须能够反映出该领域的整体状况。在管理学中，STEEP 中 S 代表社会文化领域，T 代表技术领域，E 代表经济领域，E 代表环境领域，P 代表政治领域。

领域	主要事项
社会文化领域	人口统计（人口增长、减少、地理分布）
	生活方式
	宗教信仰
	教育水平
	不同年龄段人口
技术领域	主要技术创新
	新产品

领域	主要事项
经济领域	税收
	通胀
	发展模式
	资金供应
	全球化
环境领域	水、资源、能源、粮食供应
	污染
	气候变化
政治法律领域	政府干预
	反垄断法律

美国国家情报委员会出版的《全球趋势 2025》和《全球趋势 2030》采用的正是 STEEP 方法。

领域	主要事项
社会领域	人口增长、各年龄段人口、宗教、生活方式、教育水平
技术领域	科技创新、网络
经济领域	主要国家经济增长、经济发展模式、金融中心变化、美元地位
环境领域	能源和资源、气候变化、淡水和食物
政治领域	能源安全、意识形态冲突、地区冲突、恐怖主义、多极化、全球治理

两份报告都对上述重要事项的现状进行了分析，并对其趋势做出了判断，《全球趋势 2025》提出了七大确定性趋势和八大不确定性趋势。

领域	确定性趋势	不确定性趋势
社会领域	许多国家青年人口下降	欧洲、日本能否战胜人口老龄化
技术领域		能源领域技术创新
经济领域	经济发展	贸易保护主义能否复苏

领域	确定性趋势	不确定性趋势
环境领域	食物、水、能源供应紧张	气候变化及影响
政治领域	多极化，非国家行为体兴起；大中东地区不稳定和大规模杀伤性武器扩散增加冲突爆发可能；技术扩散使恐怖分子更有破坏力；美国是最强大的国家，但主导地位下降	中国、俄罗斯会否走向民主化；伊朗核计划能否引起中东军备竞赛；中东地区能否稳定

但美国国家情报委员会出版的报告也存在不足，就是没有突出军事领域的作用。STEEP 是管理学评估公司外部环境常用方法，自然较少涉及到军事领域。早在 1973 年约翰·柯林斯就提出要从政治、经济、军事、社会和技术五个方面来考虑国际趋势。[①]政治、经济、军事、社会和技术五个领域包括的主要事项如下表：

领域	主要事项
社会领域	人口　生活方式　财富分配
技术领域	科技创新　新技术运用
经济领域	能源资源　金融　国际贸易
军事领域	战争与冲突频率和样式　军事技术　武器装备　军费开支
政治领域	霸权地位　意识形态　全球治理

（二）明确各个领域每一主要事项包含的具体内容

根据所明确的内容来分析每一事项的发展趋势，并对每一趋势的可能性做出高、中、低的判断或赋予一定值，体现不同程度的可能性：

---

① 约翰·柯林斯著，中国人民解放军军事科学院译：《大战略》，战士出版社 1978 年版，第 407—408 页。

（1）社会领域

事项	内容	趋势
人口	人口数量	未来人口数量
	各年龄段人口	老龄化人口比重
	人口分布	发展中国家人口占世界人口比重
生活方式	城镇化	城镇化程度
	教育水平	教育水平是否提高
	中产阶级	中产阶级主体地位
财富分配	贫困人口状况	贫困人口占人口比重
	收入分配	收入分配平均程度
	发达国家与发展中国家	世界财富转移情况

（2）技术领域

事项	内容	趋势
科技创新	技术创新的重视程度	研发投入和从事研发的人员数量
新技术运用	新技术运用前景广阔	新技术可能在不同领域运用情况

（3）经济领域

事项	内容	趋势
能源资源	资源能源供应量	能源资源供需矛盾
	能源资源争夺	能源资源的争夺程度
	能源资源争夺地理分布	特定地区之间能源和资源竞争程度分布
国际贸易	国家之间的贸易联系	贸易密切程度
	贸易保护主义	贸易壁垒或自由贸易程度
	贸易组织	贸易组织的作用
金融投资	货币体系	美元地位变化，其他货币地位变化
	金融中心	金融中心地位变化及多元化
	国际金融投资量	外资、相互投资变化

（4）军事领域

事项	内容	趋势
战争与冲突	战争与冲突频率	未来战争与冲突增多还是减少
	战争与冲突样式	未来成为战争的主要样式
	战争与冲突地理分布	不同区域的战争与冲突频率
军事技术	新军事技术	新军事技术发展特点和趋势
	新军事技术运用	新军事技术对军事变革的作用
武器装备	新武器装备	新武器装备特点和运用
	新武器装备列装	新武器装备列装情况
军费开支与军备竞赛	军费开支增加	各国军费开支增加情况
	军费开支分布	特定区域军费开支情况

（5）政治领域

事项	内容	趋势
霸权地位	多极化	霸权是否衰落、多极化趋势
	非国家行为体	非国家行为体作用趋势
意识形态	意识形态作用	意识形态对抗程度
	意识形态分布	接受某种意识形态的国家多少
全球治理	国际组织	国际组织数量和应对危机能力
	联合国	联合国在世界事务中的作用趋势

（三）设定未来情景

将各种未来趋势进行组合，选取那些对五大领域影响最大、但最不确定性的趋势组合，构建至少三种不同的未来情景①：一种是比

---

① 情景分析法是体系评估的重要方法，现在广泛应用于战略评估。情景分析法的关键是情景获取技术和情景分析技术。张杰等：《效能评估方法研究》，国防工业出版社 2009 年版，第 136—138 页。陈胜昌："美国对世界未来 15 年的预测及其国家战略"，载《经济研究参考》2011 年第 46 期。

较乐观的情景，另外一种是比较悲观的情景，第三种是介入二者之间的情景。还要请众多专家对每项推动因素的作用程度赋值，并参与未来情景构建。《全球趋势 2025》构建了四种未来情景：[1]

	未来条件	全球情景
第一种情景	经济发展缓慢，美欧对新兴国家采取贸易保护措施；多极体系下主要国家对能源和势力范围争夺造成世界紧张	"一个把西方排挤出局的世界"：以中俄为核心的新兴国家取代西方成为世界领导者；上合组织作用超过北约
第二种情景	各国只注重发展，忽视环保，导致环境恶化；应对自然灾害不力的政府失去合法性；未出现能制止气候变化的技术；各国解决环境问题的措施不足	"十月惊魂"：气候变化导致各种极端天气事件的频发；水资源短缺和食品危机；各国政府疲于应对各种灾难，出现治理危机
第三种情景	各国经济增长因能源紧缺而放缓；能源竞争激化使各国民族主义情绪高涨；出现第一次世界大战前大国均势	"金砖四国"闹翻：新兴国家间（如中国、印度）对能源的争夺将导致国际冲突
第四种情景	随着权力日益分散，国家权力缩减；非政府组织、宗教团体等获得很大影响力；通讯技术使得各地的人们结成网络	"政治并非总是地区性的"：非国家行为体将在环境保护等国际议题上发挥重要作用

《全球趋势 2030》列举了四种未来情景。其中"大停滞的世界"是最悲观的情景，"大融合的世界"是最乐观的情景，而"大分化的世界"和"非国家化的世界"介入二者之间。[2] 当然，也有多于三种的情景。比如 2013 年美国卡内基国际和平基金会发表的《2030年中国军事与美日同盟战略净评估报告》设定了六种情景：一是侵

---

[1]　美国国家情报委员会编，中国现代国际关系研究院美国研究所译：《全球趋势 2025》，时事出版社 2009 年版。

[2]　美国国家情报委员会编，中国现代国际关系研究院美国研究所译：《全球趋势 2030》，时事出版社 2013 年版，第三章。

蚀的平衡；二是有限冲突；三是威胁降低；四是亚洲冷战；五是以中国为中心的亚洲；六是中日对抗。世界经济论坛《2016 年全球风险报告》预测 2030 年世界形势设定了三种情景：一是隔阂的城镇。在这个情景中，由于财富、收入、健康、环境和机会等的不平衡，导致社会分裂。二是强大的区域。在这个情景中，许多行为体由于财富积累，能够对外交、关键的技术和基础设施进行经济投入，世界均势会调整，将出现建立在地区基础之上的新秩序。三是战争。在这个情境中，世界将滑入大的冲突中，最终导致世界秩序的重构。

上述评估国际进程的方法适合评估不确定性、信息纷乱的环境。阎学通教授在《历史的惯性》一书对未来的预测是传统的趋势外推法。这种方法强调事态的发展是渐变，没有意外和跳跃，依据过去或现状可以预测未来。趋势外推法构建的未来情景基本上是单一情景，不适合预测由多因素、多变量推动的安全环境变化。

评估国际进程目的之一是确定本国面临的国际进程压力。在国际进程演变情境中，如果本国主导、影响国际进程发展，压力最小；如果本国虽然没有主导国际进程演变，但顺应进程，压力不太大；如果本国与国际进程演变不一致，压力最大。

通过评估国际格局，明确本国在国际格局中所处的地位，确定本国面临的结构压力；通过评估国际进程变化，明确多种未来情景，确定本国面临的国际进程压力。两者结合，就是本国面临的国际体系的压力。由此可以对症下药，制定出顺应趋势的安全战略，或主动作为营造有利态势、主导环境走向的安全战略。

第二节　特定领域战略环境评估方法

特定领域评估是安全环境评估的重要组成部分。许多国家除了重视国际战略环境评估外，还特别注重对特定领域的环境进行评估。美国不仅进行经常性的国际战略环境评估，还进行一系列特定领域的战略评估，比如进行核态势评估、太空安全态势评估、弹道导弹防御评估、国防工业基础评估等。20 世纪 30 年代美国哈佛大学学者贝恩（Joe S. Bain）等提出 SCP 分析模型，现在广泛应用于战略学界，与波特的五力模型共同成为分析特定领域战略环境的有效工具。这里我们将 SCP 模型与五力模型相结合，尝试提出一套评估特定领域战略环境的方法。

一、特定领域战略结构评估

特定领域的战略结构是指有关国家对特定领域的控制，从而形成相互之间的关系形态。

（一）评估特定领域的地位和作用

特定领域在国家战略环境中的地位和作用，是决定该领域内竞争强度的重要因素之一。地位和作用越突出，国家关注程度越高，国家之间在该领域的竞争越激烈。

特定领域对国家安全环境的影响作用可以分为以下几种：一是导向作用，指在一定时期内特定领域的地位和作用逐渐提高，对安全环境形势变化具有关键性的方向性和推动性作用。比如自苏联卫星上天后，太空领域对国家安全的影响不断增强，推动战略形势发生重大变化，国际战略环境从陆地、海洋、天空的浅近三位一体空间，向陆地、海洋和太空更加纵深的空间转变，这种转变是本质性的。二是支柱作用，指在一定时间内对安全环境产生支配性影响。比如核武器对国家安全的影响就发挥重要作用，美国 2002 年公布的《核态势评估报告》就指出"核武器在美国及其盟友的防务能力中发挥着关键作用。它们提供了可靠的军事选择，以威慑包括大规模杀伤性武器和大规模常规军事力量在内的多方面的威胁"[①]。正是核武器的出现，改变了国际战略总体形势。世界大战至今没有爆发，很重要的原因就是核武器的遏制作用。三是基础作用，指在国家战略环境中为其他领域发挥作用提供基本条件和支持。这样的领域不会直接影响安全环境的变化，但通过作用其他领域而对安全环境发挥了间接作用，比如资源是其他领域发挥作用的基础和条件，如果

---

① 黄柏富主编：《"9·11"事件后美国国家安全战略文件选编》（上），军事谊文出版社 2002 年版，第 100 页。

没有水、粮食、石油等资源，其他领域将难以发挥作用。四是潜在作用，指对安全环境的现实和当下作用不大，但其潜在影响较大，未来有可能引导安全环境发生巨大变化，比如人工智能问题等。五是一般作用，即对安全环境影响不大，未来一定时期内也不会产生重要影响。比如旅游、移民问题等。

评估特定领域对于安全环境的作用，主要依据是领域规模、关联度和发展潜力三项指标：一是领域规模，是指有关国家投入特定领域实力与这些国家实力总和之比。比值越大，规模越大。二是关联度，是指影响力与敏感度之和。影响力是指向特定领域投入或减少一定实力时，导致其他领域作用增强或降低的程度。如果投入特定领域实力增加，其他领域对于国家安全作用随之增强，这是正向影响力。如果投入的实力增加，其他领域对于国家安全作用反而下降，这是负向影响力。同理，如果降低对相关领域的投入，其他领域对国家安全作用上升，这是负向影响力。如降低对相关领域的投入，其他领域对于国家安全作用也随之降低，这是正向影响力。评估领域的影响力取绝对值。敏感度是指向其他领域投入或减少一定实力时，引起该特定领域作用增强或降低的程度。与影响力评估一样，敏感度也有正向和负向之分，评估时取绝对值。三是发展潜力，是指战略总体环境达到一定水平时需要特定领域保持的水平。

	导向作用	支柱作用	基础作用	潜在作用
领域规模	小	大	大	小
关联度	大	大	大	小
发展潜力	大	大	小	大

（二）评估特定领域的集中度

特定领域集中度是指一个或几个国家对该领域的控制程度。评估特定领域集中度主要有两种方法：绝对集中度评估方法和相对集中度评估方法。

一是绝对集中度评估方法。该方法一般是统计前几位国家对该领域的控制程度。假定相关国家向特定领域投入实力总和为 X，第 i 国家份额为 Xi，i 国家的份额为 Si（Xi/X），CRn 为该领域中最大的 n 个国家所占份额之和，则有：

$$CRn = \sum_{i-1}^{n} Si$$

目前标准的 CRn 是计算前四位国家的份额之和。由于 CRn 指标计算简单，直观易懂，获得所需资料容易，因而在战略学界被广泛应用。但该方法也存在一定缺陷：在比较两个领域之间的集中度时，由于对 n 的取值不同会有不同的结果：

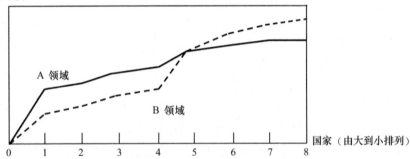

如上图，如 n 分别取 1、2、3、4 点时，A 领域的集中度高于 B 领域。但当选取 5 点时，两者的集中度相同。而选取 6、7、8 点时，B 领域的集中度高于 A 领域。另外，这种方法只反映了最大几个国家的情况，忽视了特定领域内几个大国之外其他国家情况。

二是相对集中评估方法。该方法主要采用洛伦茨曲线及其基尼系数进行。洛伦茨曲线和基尼系数是经济学家用来测定社会收入分配平均程度的统计方法，在战略学界被用来分析特定领域相对集中程度。

洛伦茨曲线由经济学家洛伦茨提出，它原是一种反映收入分配平均程度的曲线，这里借用洛伦茨曲线可以直观地描述某些国家占有特定领域状况，以反映该领域的相对集中度程度，用以度量领域的竞争状况和垄断程度。

OX 的含义：将不同国家按照实力分类，将这些分类按照其占国

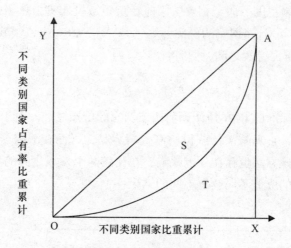

家总数目的比重从小到大排列。OY 轴的含义：不同类别国家占特定领域实力的比重从小到大排列。将不同规模国家所占特定领域的份额连成线，就是 OA 下面的弧线，当这条弧线与 OA 线重叠时，表示这个领域是一个平均结构，任何国家所占份额相同。当该领域只有一个国家时，弧线与 OXA 线重合。洛伦茨曲线直观、形象，但难以量化。基尼系数是对洛伦茨曲线的改进，是洛伦茨曲线中 OA 与弧线构成的面积 S 与 OXA 三角形面积的比值，即 GI = S/（S + T），反映的是特定规模国家之间所占份额的差异值。但洛伦茨曲线和基尼系数存在不足：反映不同国家之间的差异，没有体现出领先国家的集中度。

三是哈菲德指数。该指数最早由美国学者 O. 哈菲德提出，公式：

$$H I = \sum_{i-1}^{n} Si^2$$

其含义：为每个国家的份额赋予一个权重，这个权重就是其份额。它给实力强大的国家的权重较大。指数越大，集中度越高，反之则越低。哈菲德指数也存在不足：直观性差，对中小国家重视程度不够。

总起来看，要真正有效评估特定领域竞争集中度，需要将上述三项指标综合起来考虑。

（三）确定特定领域的战略结构

战略结构是不同国家控制特定领域的程度对比关系。按照不同的评估集中度方法，可以对竞争结构进行不同的分类。

一是按照绝对集中评估方法的分类。这样的分类方法主要有贝恩分类法和植草益分类法。

贝恩分类法是依据前四位或前八位国家绝对集中度指数，将特定领域竞争结构分为六个等级。

领域结构	C4 值（%）	C8 值（%）
寡占 I	$75 \leqslant C4$	–
寡占 II	$65 \leqslant C4$	$85 \leqslant C8$
寡占 III	$50 \leqslant C4 < 65$	$75 \leqslant C8 < 85$
寡占 IV	$35 \leqslant C4 < 50$	$45 \leqslant C8 < 75$
寡占 V	$30 \leqslant C4 < 35$	$40 \leqslant C8 < 45$
寡占 VI	$C4 < 30$	$C8 < 40$

植草益分类法是日本学者植草益依据特定领域前四位国家的绝对集中度值进行的分类。

领域结构	领域结构细分	C4 值
寡占型	极度寡占型	$70 < C4$
寡占型	高、中寡占型	$40 \leqslant C4 < 70$
竞争型	低集中竞争型	$20 \leqslant C4 < 40$
竞争型	分散竞争型	$C4 < 20$

二是按照相对集中度评估方法的分类。这种分类是根据哈菲德指数，考虑到前几位国家的 C 值，以及国家数目进行的分类。将特定领域分为高寡占型、低寡占型和竞争型三类，每类又分为两种。

我们结合前两种分类方法，提出将特定领域的战略结构分为以下几种（集中度的赋值范围可以根据具体情况修改）：

战略结构类型	特点	集中度值	举例
完全垄断	单一国家控制的领域	$75 \leqslant C$	信息领域
寡头垄断	几个国家控制的领域	$55 \leqslant C < 75$	核领域
不完全竞争	没有控制领域的国家，但有多个国家能够影响该领域	$25 \leqslant C < 55$	金融领域
完全竞争	没有主导和影响特定领域的国家	$C < 25$	非洲国家之间贸易领域

二、特定领域战略互动评估

一般说来，特定领域的战略结构决定了该领域国家之间的战略互动情况。但需要注意的是，这种决定作用只是确定了战略互动大致范围和框架，并不能规定互动具体细节，不能真实反映出战略互动的具体情况。例如，根据绝对集中度评估方法确定的战略结构就不能非常准确地反映领域内国家之间的竞争程度。如果不同领域的 C8 值相同，这些领域的战略结构应该相同，在这些领域内国家之间的战略互动也应该相同，但实际情况并非如此。比如某一领域中居首位的国家集中度非常高，与第二位的国家集中度相差较大，首位的国家垄断程度高，会导致首位国家主导特定领域的行为，如果前二、三位国家各自集中度基本相同，而其他国家集中度较小，则二、三位国家的垄断程度较高，会导致集团性控制行为。而在另一领域，前八位国家之间的集中度如果差别不大，相互间的竞争就非常激烈。显然，虽然 C8 值相同，但竞争情况不一样，国家之间的战略互动是不一样的。所以，评估特定领域战略环境，就不能只确定该领域的战略结构，还需要评估领域内国家之间的战略互动情况。

评估特定领域国家之间战略互动方法主要是波特提出的五力模型。五力是指影响特定领域的五种因素：领域内主导国家之间的竞争程度、主导国家的行为、一般国家的行为、潜在的进入者，以及领域内替代者，这五种因素影响了特定领域的竞争情况。

（一）国家之间的竞争状况

这种竞争存在于主导国家之间、主导国家与一般国家之间以及一般国家之间。领域集中度间接地反映了竞争程度，没有真实地反映国家之间的竞争，实际上即使是高度集中的领域，也有可能存在激烈竞争；相反，即使众多国家参与的特定领域，也有可能产生垄断。目前评估特定领域内国家之间竞争程度的方法主要有 BL 模型和 PR 模型。

BL 模型由俄罗斯经济学家勒纳（Lerner）提出。该模型通过测算产品价格与边际成本之间的偏离程度 Lerner 指数（λ）来判别竞争程度：λ =（价格－边际成本）/价格。如果 λ = 0 或接近 0，特定领域是一个完全竞争的领域，竞争将激烈；如果 λ = 1，特定领域国家之间是共谋关系，相互之间没有竞争；如果 λ 在 0 与 1 之间，则是垄断竞争，竞争不激烈。在战略领域，价格可以表述为有关国家在特定领域提供的公共物品可能给整个领域或其他国家带来的好处，而成本是有关国家提供公共物品付出的成本，边际成本是成本增加或减少的额度。BL 模型比较适合有明确产品交易的领域的评估。

在不存在产品交易的战略领域，可以采用 PR 模型来评估竞争程度。PR 模型由学者潘泽尔（Panzar）和罗斯（Rosse）于 1987 年提出。PR 模型用国家在特定领域的收益与成本的变动来分析相互之间的竞争程度。建立 PR 模型有三个基本假设条件：（1）特定领域处于长期均衡状态；（2）各个国家的成本结构是一样的；（3）一个国家的行为受到其他国家的影响。

一个国家实现收益最大化的条件为：R_i（x_i, n, z_i）= C_i（x_i, w_i, t_i）。其中 R 代表国家的边际收益，C 代表国家的边际成本，x_i 代表 i 国家的产出，n 代表国家的数量，w_i 代表 i 国家的投入要素价格向量，z_i 代表国家的收益函数外生变量，t_i 代表国家成本函数外生变量。当实现均衡时，收益为零，约束条件：R_i^*（x^*, n^*, z）= C_i^*（x^*, w^*, t）。其中 R^*、x^*、n^*、C^*、w^* 代表均衡时的变量值。这样主导国家之间的竞争程度可以表示为：

$$H = \sum_{k-1}^{m} (\alpha R_i^* / \alpha wki)(wki/R_i^*)$$

当 H < 0 时，为垄断市场，竞争有限；当 H = 0 时，为共谋市场，没有竞争；当 0 < H < 1 时，为垄断竞争市场；当 H = 1 时，为完全竞争市场。H 值越大，竞争越激烈。

（二）特定领域潜在进入者的可能影响评估

特定领域的战略结构与战略互动主要是已进入领域内的国家之间，即主导国家之间、主导国家与一般国家、一般国家之间的互动，这涉及到波特五力模型中的三种因素，还需要对其他两种因素即潜在进入者、领域内的替代者的作用进行评估。评估潜在进入者的影响程度，主要是评估特定领域进入壁垒水平，进入壁垒水平越高，进入的可能性越低，或进入后产生的影响程度越低；反之，进入的可能性较高，或产生的影响越高。

一是评估进入特定领域的规模效应。进入任何特定领域都需要达到一定的规模，否则难以进入。而且，只有达到一定规模才能对特定领域产生影响。这种进入规模对潜在进入者构成了一道壁垒，即潜在进入者能够承受的规模水平至少应与进入领域所要求的规模水平一致，否则将引起潜在进入者的透支，国力消耗。这就需要分别评估潜在进入者能够承受的规模水平和特定领域进入的规模水平。评估有关国家能够承受的进入规模水平的方法主要是生产函数法，评估特定领域进入规模水平的方法主要有成本曲线法、适者生存法。数据包络法既可以用来评估特定国家能够承受的进入规模，又可以用来评估特定领域的最佳进入规模。

生产函数法是对投入特定领域的要素进行综合评价。特定领域进入规模水平实质上是有关国家投入该领域的要素所实现的产出。生产函数法就是通过研究相关要素在特定领域的投入与产出关系，测算各种要素对产出的贡献，并在此基础上根据特定领域所要求的进入规模水平，来评估本国需要投入的要素水平，然后确定本国能否承受这种要素投入水平。

成本曲线法是利用已进入特定领域国家投入规模与成本之间关系的数据资料进行归纳分析，获取长期曲线，然后确定特定领域合适的进入规模。该曲线通常是类似下图的一个"U"型曲线，曲线底部 Q_1 一般是进入特定领域的最佳规模。

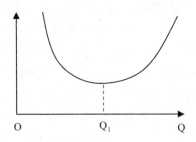

适者生存法是对已进入特定领域的国家按照投入该领域规模大小进行分组，然后对其在领域内的影响度进行时间序列的分析。一般说来，投入规模越大，影响度越高；反之，则越低。通过投入规模与影响度关系的比较分析，可以确定在特定领域适合生存的规模水平。

数据包络法是由著名运筹学家查尼斯（Charnes）和库珀（Cooper）等人提出的一种系统分析方法。该方法以"相对效率评价"概念为基础，是一种用于评估国家投入产出关系的线性规划方法。数据包络法首先通过线性规划来构建特定领域内的非参数的生产前沿面，[①] 然后相对于生产前沿面来评估有关国家的投入效率。

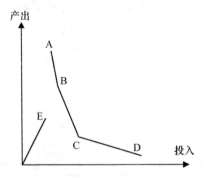

假如对特定领域内 A、B、C、D 四个国家进行数据包络分析，结果显示这四个国家都是投入有效国家，则折线 ABCD 为特定领域生产前沿面。国家 E 为无效国家，因为 E 的投入产出比值没有达到生产前沿面。

在确定有关国家能够承受的投入规模水平，以及特定领域最佳

---

① 关于生产前沿面理论，参见王金祥等："生产前沿面理论的产生及发展"，载《哈尔滨商业大学学报》（自然科学版）2005 年第 21 卷第 3 期。

投入规模水平后，需要对两者进行比较，找出差距。如果有关国家能够承受的投入规模水平高于特定领域最佳投入规模水平，则有关国家进入该领域可能性大，而且产生的影响强；反之，可能性小，影响弱。当然，如果强行提高进入规模，虽然能够进入并产生一定影响，但这种进入和影响是不可持续的。冷战期间，美国与苏联搞军备竞赛比如提出"星球大战计划"，实质上就是在提高太空领域的最佳投入规模，超出苏联可能承受的投入规模，迫使苏联跟进，透支其国力，最后拖垮苏联。

二是评估特定领域潜在进入者与领域内国家的差异化水平。这种差异化包括定位差异化、投入力量差异化、影响领域内范围的差异化。一般地，差异化水平越高，越容易进入，对领域内的影响较弱，竞争强度较低；反之，则激烈。

定位差异化就是有关国家在特定领域到底要发挥何种作用，达到何种目标。比如在核领域，中国的定位是有限威慑战略以及不首先使用核武器战略，与美国和俄罗斯的明显不同。力量差异化主要是力量构成要素的差异化，是有关国家向特定领域投入何种要素构成的力量，中国长期以来的核力量主要是陆基为主，而美国是三位一体的核战略。影响范围差异化主要是对特定领域进行细分，判断进入国家是否与领域内国家在影响细分范围是否存在差异。

差异化	权重	差异化程度	权重
定位差异	0.4	目标一样	0
		目标有交叉	0.5
		目标完全不一样	1
力量投入差异	0.3	构成要素一样	0
		构成要素有交叉	0.5
		构成要素完全不一样	1
影响细分范围差异	0.3	细分领域一样	0
		细分领域有交叉	0.5
		细分领域完全一样	1

差异化水平值 = 0.4 × 定位差异化程度 + 0.3 × 力量投入差异水平 + 0.3 × 影响细分差异水平。值越高，差异化水平越高；反之，则越低。0 表示无差异化，竞争激烈，1 表示差异明显，无竞争（上述差异化程度可以根据情况再细分，各种赋值也可以根据情况调整）。

（三）　特定领域内的替代者影响评估

领域内的替代者是指特定领域内国家互动的焦点问题或主导力量有可能被其他问题或力量取代。评估领域内替代者的可能性，首先要看领域内的替代者能为相关国家带来何种收益和多大的收益。收益越大，替代者的可能性越大。其次，要评估有关国家从原有的焦点问题或主导事务转移到新的焦点问题或主导事务上付出的成本。付出的成本越大，替代者的可能性越小。最后，将收益与成本进行比较，收益高出成本越多，替代者的可能性越大。替代者可能性 = 替代者带来的收益/转移成本。

特定领域战略互动评估公式：特定领域战略互动(A) = 特定领域竞争状况(C) × 特定领域潜在进入者影响(P) × 特定领域替代者可能性(I)。

通过上述各项公式和定量评估，就可以对特定领域战略环境进行综合性分析。特定领域战略环境(V) = 特定领域战略结构(S) × 特定领域战略互动(A)。V 值越高，战略环境越复杂；反之，则较平稳。

第三节　战略对手评估方法

评估战略对手历来为各派战略评估理论所重视。传统的战略评估方法认为战略对手 = 战略意图 × 战略能力。目前，战略学界在评估战略对手时，除了继续采用传统的意图能力评估方法外，相继引进层次分析法、模糊综合评估法、多元统计分析法、熵值法等，深化了传统评估方法,① 使战略对手的评估更加准确和全面。美军近年采取的战略对手"净评估"是上述几种方法的融合。② 这里我们首先介绍评估战略对手的传统方法,然后重点介绍评估战略对手的层次分析法和模糊综合评估法,后面在论述国家核心能力评估时再介绍多元统计分析法和熵值法。

一、战略对手评估的传统方法

战略对手评估的传统方法主要基于意图与能力两方面的评估,③评估的重点是可能造成威胁的程度。这里我们结合 2006 年美国国家基础设施防护计划报告,阐释评估战略对手的传统方法。④

(一)确定关于战略对手的评估模型

第一步列出国家可能受到对手攻击的设施,假设有 J 类设施,基础设施种类要分层次。第二步列出对手可能拥有的进攻手段,假设有 K 类进攻手段。2006 年美国国家基础设施防护计划报告将恐怖分子列为美国的主要对手,列出恐怖分子攻击手段主要有飞机撞击、

---

① 关于评估方法的详细介绍,参见马亚龙等:《评估理论和方法及其军事应用》,国防工业出版社 2013 年版。

② 美军大战略层级的净评估是一个评估国家间在政治、经济、军事等方面长期竞争态势的框架,目的是诊断与战略对手之间的战略不对称性,寻求机遇,为最高层战略决策提供支持。评估内容主要包括国际环境评估、战略对手能力评估、美国或盟国自身能力评估,以及美国与战略对手在主要战略领域能力对比评估,采用的方法包括层次分析法、模糊综合评估法、多元统计分析法和熵值法等多种方法。潘东豫:《净评估:全面掌握国家与企业优势》,经典传讯文化股份有限公司 2003 年版。

③ 柯林斯认为对威胁进行评估时,首先必须考虑三个基本方面:一是能力,即敌人采取什么行动;二是企图,即敌人将采取什么行动;三是弱点,即敌人突出的弱点是什么。前两者即是能力与意图。约翰·柯林斯著,中国人民解放军军事科学院译:《大战略》,战士出版社 1978 年版,第 32 页。

④ U. S. Department of Homeland Security, *Analytic Requirements and Challenges to Support Risk – Reduction Return on Investment as a Decision and Performance Metric Infrastructure Protection*, MORS Workshop, 2009。张最良等:《军事战略运筹分析方法》,军事科学出版社 2009 年版,第 94—96 页。

生物、化学、网络、车载爆炸装备、导弹等。第三步建立评估战略对手威胁方程式：$P(a_{jk}) = P(c_k) \times P(i_j/c_k)$。其中，$P(c_k)$ 是对手有 K 类手段的概率，是能力概率；$P(i_j/c_k)$ 是对手运用 K 类手段进攻 J 设施的意图概率，是意图概率。

（二）建立关于战略对手能力概率 P（c）和意图概率 P（i/c）的评估标准

能力概率和意图概率是根据情报搜集提供的有关对手能力和使用意图的症候、判断、排序可能性大小并将定性排序转化为定量概率值的依据。以下两表是 2006 年美国国家基础设施防护计划报告对恐怖分子能力概率和意图概率评估标准。

排序	能力概率判断症候	评分
1	确认有在本地区使用某手段作战的能力	1.0
2	情报证实有开发某手段及发动进攻的计划	0.9
3	可信情报证实对手有在其他地方使用某手段的能力	0.8
4	情报证实对手可获得知识、物资、开发能力和训练	0.7
5	有未经确认的疑似运用能力	0.6
6	情报证实对手企图有组织地获得物资	0.5
7	有些证据表明有运用某手段的技能	0.35
8	企图获取关于某手段的知识、物资	0.25
9	没有将现成手段用于进攻的证据	0.1
10	没有获取某手段的意图	0

排序	意图概率判断症候	评分
1	有用某手段进攻某目标的经历或计划	1.0
2	有用某手段进攻某目标持续兴趣的情报	0.95
3	有用某手段进攻某目标兴趣的证据	0.9
4	有在其他地区采用类似手段进行类似目标的经历和计划	0.85
5	有用某手段进行某目标的成功经历	0.75
6	大量情报来源证实对手有进攻某目标的意图	0.65
7	个别情报来源证实对手有进攻某目标的意图	0.6
8	非可靠情报来源显示对手有进攻该目标的意图	0.55
9	无已知信息显示某目标有遭受进攻的威胁	0.5

由意图概率判断症候表可得出意图概率 $P(i_j/c_k)$。假定用手段 k 进攻目标 j 的意图评分为 $S(i_j/c_k)$，则有该意图的概率 $P(i_j/c_k)$。

$$P(i_j/c_k) = \frac{S(i_j/c_k)}{\sum\limits_{j=1}^{J} S(i_j/c_k)} \quad j = 1,2,\cdots,J; k = 1,2,\cdots,K$$

（三）评估能力概率 P (c) 和意图概率 P (i/c)

根据评估标准，对战略对手每种可能进攻手段 k 的概率 $P(c_k)$ 及应用该手段攻击本国每一设施 j 的意图 $P(i_j/c_k)$。

（四）求出威胁评估结果 P (a)

按照 $P(a_{jk}) = P(c_k) \times P(i_j/c_k)$ 求出战略对手应用手段 k 攻击本国设施 j 的概率 $P(a_{jk})$，并用分布表示。2006 年美国国家基础设施防护计划报告对恐怖分子攻击美国设施的概率列表如下：

进攻手段 进攻目标	以飞机为手段	释放人传染病	释放植物家畜传染病	非传染病毒	化学进攻	直接网络攻击	间接网络攻击	食用水污染	改进爆炸装置多处	改进爆炸装置单处	辐射扩散装置	远程制导武器	远程费制导武器	单个车载爆炸装置	多个车载爆炸装置	其他进攻手段
农业粮食	$P_1, 1$	$P_1, 2$	$P_1, 3$	...	...	...	...	...	...	...	...	...	...	...	...	P_1, k
银行金融	$P_2, 1$	$P_2, 2$	$P_2, 3$	...	...	...	...	...	...	...	...	...	...	...	...	...
化工部门	...	...	...													
商业设施	...	...	...													
通信	...	...	...													
水坝	...	...	...													
应急服务	...	...	...													
……																
电力供应	...	...	...													
油气供应	$P_j, 1$	$P_j, 2$	$P_j, 3$	...	...	...	...	...	...	...	...	...	...	...	...	P_j, k

国家安全的本质是国家没有风险，或者面临的风险很低，或者

风险得到控制。对战略对手威胁程度的评估，对于消除、降低和控制国家面临的风险极为有用。

二、战略对手评估的层次分析法与模糊综合评估法

层次分析法、模糊综合评估法与多元统计分析法、熵值法等都是目前战略学界在进行战略对手评估时常用的方法，这里主要介绍层次分析法和模糊综合分析法。

（一）运用层次分析法评估战略对手

前面我们已阐述了运用层次分析法的具体步骤。我们将战略对手评估指标分为两个层次：第一层次是战略目标、战略判断、战略图谋（战略途径或战略部署）以及战略能力四类指标，用 R_i 表示；第二层次是在第一层次下再设置具体的指标，用 a_n 表示。当然，还可以设置第三层次指标，用 b_j 表示。

第一层指标 R_i	第二层指标 a_n
战略目标	战略对手现状与其愿景之间的差距
	战略对手目标与本国的矛盾程度
	领域目标或部门目标之间协调程度
战略判断	战略对手自我定位是否符合其自身的实力和身份
	战略对手对他方定位是否符合他方的战略实际
战略图谋（战略途径）	采取激进路线的可能性
	采取直接路线的可能性
	采取同时投入的可能性
战略能力	核心能力强弱
	反应能力强弱
	适应能力强弱
	持久能力强弱

在确定运用层次分析法确立评估战略对手的指标结构模型后，可以根据我们前面阐述的步骤对特定国家进行评估。

第一层指标	符号	权重	第二层指标	符号	权重
战略目标	R_1	w_1	差距程度	a_{11}	w_{11}
			矛盾程度	a_{12}	w_{12}
			协调程度	a_{13}	w_{13}
战略判断	R_2	w_2	威胁判断	a_{21}	w_{21}
			他者定位	a_{22}	w_{22}
战略图谋 （战略途径）	R_3	w_3	时间角度	a_{31}	w_{31}
			路径角度	a_{32}	w_{32}
			强度角度	a_{33}	w_{33}
战略能力	R_4	w_4	核心能力	a_{41}	w_{41}
			反应能力	a_{42}	w_{42}
			适应能力	a_{43}	w_{43}
			持久能力	a_{44}	w_{44}

或者如下表：

第一层指标	符号	权重	第二层指标	符号	权重
战略目标	R_1	w_1	差距程度	a_{11}	w_{11}
			矛盾程度	a_{12}	w_{12}
			协调程度	a_{13}	w_{13}
战略判断	R_2	w_2	威胁判断	a_{21}	w_{21}
			他者定位	a_{22}	w_{22}
战略图谋 （战略部署）	R_3	w_3	消耗型	a_3	w_3
			无关型		
			增强型		
战略能力	R_4	w_4	核心能力	a_{41}	w_{41}
			反应能力	a_{42}	w_{42}
			适应能力	a_{43}	w_{43}
			持久能力	a_{44}	w_{44}

战略对手评估模型：$R = (R_1 \times w_1 + R_2 \times w_2 + R_3 \times w_3) \times (R_4 \times w_4)$。其中，战略目标 $R_1 = a_{11} \times w_{11} + a_{12} \times w_{12} + a_{13} \times w_{12}$，战略判断 $R_2 = a_{21} \times w_{21} + a_{22} \times w_{22}$，战略途径可能性 $R_3 = a_{31} \times w_{31} + a_{32} \times w_{32} + a_{33} \times w_{33}$，或战略部署 $R_3 = a_3 \times w_3$，战略能力 $R_4 = a_{41} \times w_{41} + a_{42} \times w_{42} + a_{43} \times w_{43} + a_{44} \times w_{44}$。层次分析法比较适合多个战略对手的评估，在得出每个战略对手 R 的份值后，可以根据份值大小对众多战略对手进行排序。

(二) 运用模糊综合法评估战略对手

由于国家面临的安全环境十分复杂，战略对手经常变化，区分主要战略对手、次要战略对手、直接战略对手和潜在战略对手的界限也变得不定和模糊。模糊综合评估法能够在模糊条件下对战略对手进行分析、评估、分类和排序。[1] 模糊集合理论由美国自动控制专家扎德 (L. A. Zadeh) 1965 年首次提出，而模糊综合评估法最早是我国学者江培庄提出。该方法是运用模糊变换原理和最大隶属度原则，考虑与被评估对手相关指标，对对象进行综合评估。运用模糊综合评估法的关键是确定模糊边界和隶属度函数。模糊评估方法很多[2]，一般地常用多层次模糊评估法来评估战略对手。运用多层次模糊综合评估法的步骤：

一是建立模糊综合评估对象指标。建立模糊综合评估模型的第一步是建立评估对象的因素指标集：$U = \{U_1, U_2, \cdots U_n\}$。在战略对手评估系统中，主要设定了四类指标，即战略目标、战略判断、战略图谋和战略能力。所以，在本次构建中，$n = 4$，本次建立的模

---

① 张杰等：《效能评估方法研究》，国防工业出版社 2009 年版，第 31—33 页。

② 模糊综合评估方法包括多种；(1) 模糊合成过程中有关方法，包括确定评语分级、确定模糊权重、确定隶属函数、算术合成；(2) 模糊价值排序评估有关方法，包括模糊点值直接排序法、模糊优选模型法、模糊数排序法、多等级评语量化排序法、相似选择法；(3) 模糊分类评价有关方法，包括聚类最优分割法、聚类普通方法；(4) 群组模糊评估与多层次模糊评估有关方法，包括多层次模糊评估法、群组模糊综合评估法。苏为华：《综合评价学》，中国市场出版社 2005 年版，第 260 页。

糊综合评估对象指标集 $U = \{U_1, U_2, U_3, U_4\}$。

第二步是建立专家评语集。评语集即评估等级。专家评语集：$V = \{V_1, V_2, \cdots V_m\}$。在本系统中，评估等级分成五个等级，因此 m = 5。本次的评估等级分为优、良、中、合格、差五个层次，分别对应主要竞争对手、次要竞争对手、一般竞争对手、潜在竞争对手和非竞争对手。

二是建立单因素综合评估矩阵。建立单因素综合评估，即根据评估等级对因素集中的每个评估指标所做出的一个模糊判断，表示因素集中的评估指标对每个评估等级的隶属度有多大。隶属度就是通过 U 到 F（V）的映射关系，通过映射关系反映出隶属度，得到单因素模糊综合评估矩阵。

$$R = \begin{Bmatrix} r_{11} & r_{12} \cdots r_1 \\ r_{21} & r_{22} \cdots r_{2n} \\ & \cdots \\ r_{m1} & r_{m2} \cdots r_{mn} \end{Bmatrix}$$

其中 $r_{mn} = R(u_i v_i)$，表示 r_{mn} 对评估 V_i 的隶属度。

三是确定隶属函数。定性指标是指让参与评估的专家按照确定的五个等级，为各个评估指标确定等级，然后统计评估因素等级 V_j 出现的频率次数 m_{ij}，计算相应指标的隶属度。

$$r_{ij}(u_i) = \frac{m_{ij}}{n}$$

根据各指标的隶属度数值，可以得到对 u_i 的单因素评估。

定量指标主要是确定隶属函数。

当 j = 1 时，隶属函数为：

$$u_{vj}(u_i) = \begin{cases} 1 & u_i \geq d_i \\ \dfrac{u_i - d_{j+1}}{d_j - d_{j-1}} & d_{j+1} \leq u_j \leq d_j \\ 0 & u_i < d_{j+1} \end{cases}$$

当 j = 2, 3, $\cdots$ n − 1 时，隶属函数为：

$$u_{vj}(u_i) = \begin{cases} \dfrac{u_i - d_{j+1}}{d_j - d_{j+1}} & d_{j+1} \leqslant u_i < d_j \\[3mm] \dfrac{d_{j-1} - u_i}{d_{j-1} - d_{ji}} & d_j \leqslant u_i \leqslant d_{j-1} \\[3mm] 0 & u_i \geqslant d_{j-1} \text{或} u_i < d_{j+1} \end{cases}$$

当 $j = n$ 时，隶属函数为：

$$u_{vj}(u_i) = \begin{cases} 0 & u_i \geqslant d_{j-1} \\[3mm] \dfrac{d_{j-1} - u_i}{d_{j-1} - d_{ji}} & d_j \leqslant u_j \leqslant d_{j-1} \\[3mm] 1 & u_i < d_{j+1} \end{cases}$$

四是确定所设定的隶属函数。这里我们设定五个评估等级，给定的数值为 95、85、75、65、55。其中 $j = (1, 2, 3, 4, 5)$。

五是计算综合评估结果。通过上面的准备，根据单因素模糊综合评估矩阵 R，通过公式计算出综合评估结果 B。

$$B = W \times R = (B_1, B_2, \cdots B_i)$$
$$B_i = (w_1 \times r_{1i})(w_2 \times r_{2i}) \cdots (w_m \times r_{mi})$$

对 u_{imn} 进行一级指标模糊综合评估：$B_{in} = W_{in} \times R_{in} = (b_{i11}, b_{i12}, \cdots b_{i1m})$。

对 u_{in} 进行二级指标模糊综合评估：$B_i = W_i \times R_i = (b_{i1}, b_{i1}, \cdots b_{in})$。

$$R_i = \begin{Bmatrix} B_{i1} \\ B_{i2} \\ \cdots \\ B_{1n} \end{Bmatrix} = \begin{Bmatrix} W_{i1} R_{i1} \\ W_{i2} R_{i2} \\ \cdots \\ W_{in} R_{in} \end{Bmatrix}$$

当然，如果有三级指标，还可以进行三级模糊综合评估。最后根据最大隶属度原则，最大的 B_i 对应的评估级别就是该级别指标评估的结果。模糊综合评估法比较适合评估战略对手的威胁程度，根据评估份值可以对战略对手进行分类。

如果将层次分析法和模糊综合分析法相结合，可以建立起评估战略对手的指标体系，可以对不同战略对手进行横向的综合评估、分类和排序，划分出威胁等级，以便做出与之相适应的战略选择和行动。上述方法既适合总体性地评估战略对手，也适合在具体领域评估战略对手，只不过要将具体指标限制在相关领域。比如评估经济领域的战略对手，对手的战略目标应是经济领域的战略目标，战略判断是经济领域的战略判断，战略图谋是经济领域的战略图谋，战略能力是经济领域的战略能力。

第四节　国家内部环境评估方法

国家内部环境评估是关于国家战略能力的评估，主要是国家核心能力评估。目前，在战略学界评估国家核心能力的方法主要有非定量类方法、定量类方法以及半定量类方法。[①] 非定量类方法主要采用文字、图标等对国家核心能力进行描述；定量类方法一般不涉及主观评分，是一种纯定量方法，目前常用的是前面我们介绍过的数据包络分析法；半定量类方法是指在评估指标体系中，既有纯定量的指标，也有通过主观打分的半定量指标，主要有层次分析法和模糊综合评估法，以及近年流行的多元统计评估法等。国家核心能力评估可以采取上述任一种方法进行，这里我们采用半定量类方法。

一、设置核心能力评估指标体系

根据设置评估体系的系统性原则、可行性原则、可比性原则和重要性原则，我们设置以下评估指标体系，这种指标体系设置基本上是主观性的：

---

① 安全环境评估的方法总体上分为非定量方法即定性方法、定量方法和半定量方法三大类。

第一层指标	第二层指标
创新能力	技术创新
	管理创新
	组织创新
技术能力	技术引进
	技术吸收
	自主技术创新
管理能力	战略规划
	战略执行
	战略控制
战略文化	凝聚力
	先进性

二、设置其他层次的评估指标

在设置衡量国家核心能力的第一层 4 项指标和第二层 11 项指标后，需要对这些指标进行细化，即设置第三层和第四层指标。

（一）设置国家创新能力的下一层评估指标

1. 技术创新能力评估指标体系

技术创新投入	研发经费占财政支出比重
	从事研发的人力
	先进设备购买投入
科技与经济结合	发明专利授权量
	产学研联合情况
	新产品开发成功率

2. 管理创新能力指标体系

管理理念的创新	法治理念
	公平理念
管理机制的创新	激励机制是否突出
	协调机制是否有效
	监督机制是否独立
管理方法的创新	管理方法的科学化
	管理方法的民主化
	管理方法的信息化

3. 组织创新能力指标体系

组织结构调整	扁平化程度：管理的层次
	柔性化程度：稳定性和适应性
	网络化程度：内部交流顺畅
组织制度调整	产权明晰度：法律对产权的规定
	治理正规度：保证劳动者的回报，社会是否公正
组织流程调整	流程效果：最终提供的产品和服务质量
	流程效率：一定时间内提供的产品和服务数量

（二）设置国家技术能力下一层评估指标

1. 技术引进能力指标体系

国外技术引进交易	引进国外技术金额占财政支出比重
	引进国外技术增长率
外国直接投资	外国直接投资金额占财政支出比重
	外国直接投资增长率
先进技术比重	先进技术在引进技术中的比重
	外国直接投资涉及的先进技术在直接投资中的比重

2. 技术吸收能力指标体系

经费投入	技术改造、消化投资占财政支出比重
	引进技术投资、消化技术投资与自主技术创新投资三者之比
人力资本	受过高等教育的人口比重
	掌握与消化技术相关知识的人力

自主技术创新能力指标等同于前面的技术创新能力指标。

（三）国家管理能力下一层评估指标

1. 战略规划能力指标体系

前瞻能力	设定的愿景是否合理和可行
	是否有长远规划
	根据环境变化能否有效调整战略规划
决策能力	决策是否科学和民主
	决策机制是否健全

2. 战略实施能力指标体系

资源配置能力	战略目标是否充分分解
	目标与手段是否平衡
	各个部门资源分配是否合理
战略执行能力	组织或个人能否了解国家的愿景、使命
	各个部门之间能否进行有效的沟通和协调
战略驱动力	能否有效督促战略实施
	对个人和部门进行有效激励情况

3. 战略控制能力指标体系

绩效管理能力	绩效指标是否合理
	绩效考核程序是否规范与科学
	绩效考核结果能否有效运用
战略监督能力	监督是否具有可操作性
	能否进行独立性的监督活动
战略修正能力	能否及时识别和应对风险
	能否及时改正战略实施过程中出现的错误和不足

（四）国家战略文化下一层评估指标

1. 战略文化的凝聚力

战略决策者的观念	战略决策者是否存在一致性的价值观
	战略决策者观念与民众观念差异程度
民众的观念	民众观念多元性程度
	民众了解战略决策者观念的程度
	民众支持战略决策者的程度

2. 战略文化的先进性①

战略决策者的价值观	战略决策者的观念是否符合时代潮流
	战略决策者的观念为国家社会接受程度
战略决策者的行为	战略决策者是否言而有信
	战略决策者的行为能否提升国家形象

---

① 战略文化的先进性实际上是战略文化产生的实际影响，这种影响主要通过国家的战略行为来体现。既要看本国的战略文化是否符合时代发展潮流，还要看为国际社会接受程度。

三、建立评估模型

建立评估模型的方法很多，比如前面我们采用的层次分析法和模糊综合评估法，这里介绍战略学界进行战略评估时另外两种常用的方法：

（一）多元统计分析法

层次分析法是半定量的方法，需要设置的指标较多。较多的评估指标虽然能较为全面地度量国家核心能力，却给实际的统计分析及综合评价带来了较大问题：一是搜集太多的数据会增加分析中的计算工作量，使本来不很复杂的分析工作变得异常繁琐；二是花费许多人力和财力搜集到的变量，由于存在相关性，造成相当多的信息重叠现象。多元统计分析方法是解决这些问题的一种非常有用的方法。

多元统计分析法是近几年在数理统计中迅速发展起来的一种方法，主要包括聚类分析、主成分分析、因子分析等方法。1928 年威沙特（Wishart）发表的《关于多元正态总体样本协方差阵的精确分析》是学术界公认的多元分析的开端。在这个基础上费希尔（Fisher）、霍特林（Hotelling）以及罗伊（Roy）等对此进行了补充，使多元统计分析理论得到完善。20 世纪 50 年代中期多元统计分析被广泛应用于地质、社会、军事等多个领域。20 世纪 70 年代国内学术界开始关注该方法，但直到 21 世纪初国内战略学界才开始较多地运用该方法研究战争和战略问题。目前多元统计分析方法中比较常用的是主成因分析法和因子分析法。[①] 这两种方法的基本思想是一致的，即用少于原有指标个数的主成分或公共因子来代替原有指标，组合后所得的主成分或公共因子反映了某些同类指标的共同意义和特征，其综合解释效力往往大于每一个实际指标的解释效力，且各主成分

---

① 多元统计分析法包括主成因分析法、因子分析法、聚类分析法等，具体参见马亚龙等：《评估理论和方法及其军事应用》，国防工业出版社 2013 年版，第六章。

是不相关的，这就避免了对指标进行综合时可能导致的信息重复问题。

运用多元统计分析法建立国家核心能力评估模型的步骤：一是建立原始数据的判断矩阵。采集 n 组变量，每组有 p 个指标，总共有 n×p 个指标，将原始数据整理为 n×p 阶矩阵，为四大类 27 分类 59 项指标：

$$X = \left\{ \begin{array}{cccc} x_{11} & x_{12} & \cdots & x_{1p} \\ x_{21} & x_{22} & \cdots & x_{2p} \\ & & \cdots & \\ x_{n1} & x_{n2} & \cdots & x_{np} \end{array} \right\}$$

二是建立标准化矩阵。对原始数据矩阵进行标准化处理，处理标准数据方程：

$$x_{if} = \frac{x_{ij} - \overline{x_j}}{S_j}, \ i = 1, \ 2, \ \cdots, \ n; \ j = 1, \ 2, \ \cdots, \ p$$

其中，$\overline{x_j}$ 和 S_j 分别是原始指标的样本均值和样本标准差，即

$$\overline{x_j} = \frac{1}{n} \sum_{i=1}^{n} x_{ij}, S_j = \sqrt{\frac{1}{n-1} \sum_{i=1}^{n} (\overline{x_{ij}} - x_j)^2}$$

得到标准化矩阵：

$$F = (f_y)_{n \times p} = \left\{ \begin{array}{cccc} f_{11} & f_{12} & \cdots & f_{1p} \\ f_{21} & f_{22} & \cdots & f_{2p} \\ & & \cdots & \\ f_{n1} & f_{n2} & \cdots & f_{np} \end{array} \right\}$$

三是计算标准化矩阵的相关系数矩阵。

$$R = \left\{ \begin{array}{cccc} r_{11} & r_{12} & \cdots & r_{1p} \\ r_{21} & r_{22} & \cdots & r_{2p} \\ & & \cdots & \\ r_{p1} & r_{p2} & \cdots & r_{pp} \end{array} \right\}$$

四是求出 R 的特征值及特征向量。通过正交变换求解出 R 的 p 个特征值为 λ_1，λ_2，$\cdots \lambda_p$，假设 $\lambda_1 \geq \lambda_2 \geq \cdots \geq \lambda_p \geq 0$，特征值对应的特征向量为：

$$H = \left\{ \begin{matrix} h_{11} & h_{12} & \cdots & h_{1p} \\ h_{21} & h_{22} & \cdots & h_{2p} \\ & & \cdots & \\ h_{p1} & h_{p2} & \cdots & h_{pp} \end{matrix} \right\}$$

五是建立主成分。计算主成分方差贡献率为：$a_m = \lambda_m / \sum_{i=1}^{n} \lambda_i$ 按照累积方差贡献率 $\sum_{i=1}^{m} \lambda_i / \sum_{i=1}^{n} \lambda_i > 85\%$ 的准则，确定 m，从而建立 m 个主成分。通过得到的主成分的因子载荷矩阵，得到主成分的表达式：

$$\begin{cases} z_1 = h_{11}x_1' + h_{12}x_1' + \cdots h_{1m}x_1' \\ z_2 = h_{21}x_2' + h_{22}x_2' + \cdots h_{2m}x_2' \\ \qquad\qquad \cdots \\ z_m = h_{m1}x_m' + h_{m2}x_m' + \cdots h_{mm}x_m' \end{cases}$$

六是建立评估方程，计算综合分值。使用线性加权求和，得到综合评估函数，即国家核心能力评估模型：$Y = az = a_1z_1 + a_2z_2 + \cdots a_mz_m$，其中 $Z = (z_1, z_2, \cdots z_m)$。$Y$ 表示核心能力，数值越大，表示国家核心能力越强，反之则弱。

（二）熵值法

主成分分析法和熵值法都属于客观赋值法，但熵值法的计算相对简单。1957 年杰恩斯（E. T. Jayness）提出最大熵原理，又称最大熵方法或极大熵准则。[1] 此后关于熵的理论在自然科学和社会科学领域得到广泛应用。巴伦（S. H. Barron）和索菲（E. S. Soofi）分别提出基于熵最大化方法以计算属性权重。[2] 康奇（H. G. Kang）等通过熵值法和层次分析法对信息系统进行评价，加埃坦（Iuculan Gaetann）等采用最大熵原理对不确定度测量进行评价。目前，战略学界

---

① 　E. T. Jayness, "Information Theory and Statistical Mechanics", in *The Physical Review*, 1957, 106 (2), pp. 620 – 630.

② 　Cf., S. H. Barron, "Sensitivity analysis of Additive Multiattribute Value Models", in *Operations Research*, 1988, 36 (1), pp. 122 – 127.

在进行战略评估时开始越来越多地采用熵值法。熵值法的基本原理：假定一项指标对综合评估的影响程度取决于其变异程度，如果其变异程度大，则涵盖的信息量就大，对评估结果影响就大；如果没有变异，则信息量趋于没有，对评估几乎没有影响。熵值法主要是根据样本容量计算熵值、信息效用值以及熵权，然后得到综合评估值。

运用熵值法建立国家核心能力评估模型的步骤：一是建立原始数据的判断矩阵和标准化矩阵。我们仍假设采集 n 组变量，每组有 p 个指标，总共有 n×p 个指标，将原始数据整理为 n×p 阶矩阵。

$$X = \begin{cases} x_{11} & x_{12} & \cdots & x_{1p} \\ x_{21} & x_{22} & \cdots & x_{2p} \\ & \cdots & \\ x_{n1} & x_{n2} & \cdots & x_{np} \end{cases}$$

对上述原始指标进行标准化处理，得到标准化矩阵：

$$F = \begin{cases} f_{11} & f_{12} & \cdots & f_{1p} \\ f_{21} & f_{22} & \cdots & f_{2p} \\ & \cdots & \\ f_{n1} & f_{n2} & \cdots & f_{np} \end{cases}$$

二是计算第 i 项指标的熵值。（1）计算上述标准矩阵中第 i 指标下第 j 组在该指标中所占的比重，得到矩阵 H。

$$H = \begin{cases} h_{11} & h_{12} & \cdots & h_{1p} \\ h_{21} & h_{22} & \cdots & h_{2p} \\ & \cdots & \\ h_{i1} & h_{i2} & \cdots & h_{ij} \end{cases}$$

其中，$i = 1，2，\cdots n，j = 1，2，\cdots p$。

（2）计算第 j 项指标的熵值：$e_i = -k \sum_{i=1}^{m} h_{ij} \ln h_{if}$，其中，$\frac{1}{k > 0}$，$k = \ln m，e_i \geqslant 0$。

（3）计算第 j 项指标的差异系数。对于第 j 项指标，指标值的差异越大，对总体评估影响越大，熵值就越小。定义差异性系数：$g = 1 - e_i$，其中，$0 \leqslant g_i \leqslant 1，\sum_{j=1}^{n} g_j = 1$。

（4）计算熵权数：$w_j = g_i / \sum_{j=1}^{n} g_j$（$1 \leqslant j \leqslant n$）。

（5）引入熵和熵权后，计算矩阵 H 中指标与熵权乘积之和：$Y = \sum_{j=1}^{n}(w_j \times h_{ij})$（$j = 1, 2, \cdots n$），这就是熵值法的有关国家核心能力评估模型，$Y$ 越接近 1，说明国家核心能力越强。采用此方法评估战略对手的核心能力得出数值，然后比较本国与战略对手之间数值大小，就可以判断核心能力之间的差距。

第五章
风险评估与战略选择

　　战略环境评估的目的是判断安全风险，进而确定战略需求，然后根据战略需求来调动和运用战略资源，实现战略匹配。战略匹配的本质就是战略需求与战略资源的有机结合。在战略实施中，如何实现战略匹配，有多种战略选择，需要视情而定。

第一节　风险评估与战略匹配

　　战略实施需要首先建立战略匹配。"战略匹配"英文为"strategic match"或"strategic alignment"，汉语直译为"战略对应""战略一致性"，原为军事术语，后为管理学等其他学科借用，是指通过战略需求与战略资源之间的协调一致，实现风险与能力相当。孙子最早提出战略匹配思想，他指出："凡用兵之法，驰车千驷，革车千乘，带甲十万，千里馈粮；则内外之费，宾客之用，胶漆之材，车甲之奉，日费千金，然后十万之师举矣。"这里孙子提出了资源与战争之间的匹配问题。

　　解决战略需求与资源之间的矛盾是一切战略的核心，不同的战略学派对此有不同的观点，基本上可以分为两种观点：一种观点强调需求与资源之间的均衡，这是战略匹配学派。比如保罗·肯尼迪就坚持这种观点，他强调："大战略关乎的是目的与手段的平衡。国务家们仅考虑如何赢得战争是不够的，还需考虑代价（最广义的代价）会有多大；仅下令向这个或那个方向派遣舰队和大军是不够的，还须保证它们获得适当的补给，并且由一个欣欣向荣的经济基础来维持；在和平时期仅订购一系列武器系统是不够的，还须仔细检查防务开支造成的影响。"① 另一种观点强调资源要超出需求，这是战略充足学派。克劳塞维茨虽然承认"从逻辑上和心理上分析，在一个国家所能作出的努力、付出的代价与承担的风险和争夺的目标的价值之间，存在着一定的均衡关系"，但由于他强调现实中的阻力和偶然因素，致使这种均衡关系根本不存在。② 实际上他否认了战略匹配，强调为了夺取战争的胜利可以不计成本。在全球化时代，随着国家之间的联系日益密切，战争的制约因素越来越多，大规模战争的几率下降，国家之间的较量已从战争为主转向以持久竞争为主，大战略和军事战略越来越强调持久，而不是速决，特别是大国之间的竞争和较量更是如此，过去那种不计成本，不重视需求与资源之间的均衡，忽视或否认战略匹配的思想越来越不合时宜。20世纪60年代西方兴起战略匹配理论，强调要以持久的资源供应来赢得竞争的胜利，战略匹配的地位和作用日益突出。

一、风险评估与战略需求

战略环境评估的结果之一是判断安全风险，形成战略需求。风险问题是战略学界新近开始研究的问题，美国2001年《四年防务评估报告》首次引进了"风险"及"风险评估"概念。目前，战略学界关于风险问题的研究主要集中在两个方面：

（一）风险含义问题

"风险"英文为"risk"，从词源学上讲，这个词来源模糊。有学者认为它来自阿拉伯语，有的认为来自希腊语和拉丁语；有学者

---

① 保罗·肯尼迪著，时殷弘等译：《战争与和平的大战略》，世界知识出版社2005年版，第3—4页。

② 克劳塞维茨著，中国人民解放军军事科学院译：《战争论》（第一卷），商务印书馆1997年版，第一章。美国陆军军事学院编，军事科学院外国军事研究部译：《军事战略》，军事科学出版社1986年版，第53—54页。

认为它起源于14世纪的西班牙，有的认为它来自1319年的意大利文献。据艾瓦德（Ewald）考证，该词最早来自于意大利语"risqué"，是在现代早期航海贸易和保险业出现的。卢曼考证，这个词在德语中的现代用法首次出现于16世纪，17世纪通过法国和意大利进入英语世界。现在，"风险"的含义已不是最初的"遇到危险"，而是"遇到破坏或损失的机会或危险"。

不同学科对"风险"定义不同。经济学将"风险"界定为某事件造成的破坏或伤害的可能性或概率，通用的公式是风险 = 伤害的程度 × 发生的可能性；人类学将风险界定为一个群体对危险的认知，认为它是社会本身具有的功能，作用是辨别群体所处环境的危险性；社会学将风险界定为一种意外或偶然性，认为这种意外或偶然性是由人的认知决定的。

目前，学术界研究风险问题主要有两个视角：一是不确定性视角，将风险等同于不确定性。1921年经济学家奈特在其《风险、不确定性和利润》一书中首次明确提出风险与不确定性之间的关系，并进行了区分：概率型事件的不确定性就是风险，非概率型随机事件就是不确定性。另一个是损失性视角，将风险看成是一种损失类型。对风险给出第一个现代定义的美国学者海斯就是从损失角度做出的。他认为风险是损失发生的可能性。后来的学者从这个角度进行界定的风险含义与之大同小异，比如有人认为风险是损失机会和损失可能性，还有人认为风险是损失的概率等。其实，这两种视角涉及到了风险的不同侧面，风险既具有损失性，又具有不确定性。如果没有损失性，也就无险可言了。同时，风险又是一个预期概念，客观的损失性只有可能，没有必然，因此风险又具有不确定性。在安全领域，风险是指利益受到损失或伤害的程度及其可能性：风险(R) = 可能性(P) × 损失(H)。

（二）风险评估问题

风险评估包含两个层次：全球层次和国家层次。全球层次的风险是指能给几个国家或全球带来负面影响的不确定性事件或状况。目前，全球风险评估的代表是世界经济论坛发表的"年度全球风险报告"、美国Marsh和Maplecroft公司联合发表的"年度世界政治风险地图"，以及澳大利亚经济与和平研究所发布的"年度全球和平指数报告"。世界经济论坛发表的"年度全球风险报告"将全球风险分为五大领域：经济、地缘政治、环境、社会和技术。每个领域列举几种风险，然后让专家打分，最后做出评估。例如2006年第一次报告经济领域的风险包括：石油价格或能源供应、资产价格、美国账号赤字和美元、财政危机、中国经济和关键基础设施；地缘政治风险包括：恐怖主义、欧洲分离、现在及未来的热点；环境领域的风险包括：热带风暴、地震、气候变化、生态系统损失；社会领域的风险包括：宗教、公司治理、知识产权、有组织犯罪、全球疾病、慢性疾病、流行性疾病、体制可靠性；技术领域的风险包括：技术融合情况、纳米技术、电磁领域、普适计算（pervasive computing）等。而2016年报告中五大领域的具体风险出现了变化。经济领域的风险包括：主要经济体的资产泡沫、主要经济体的通货紧缩、金融体系出问题、基础设施失效或不足、主要经济体财政危机、结构性失业或就业不足较高、非法贸易、严重的能源价格震荡、不可控的通货膨胀；地缘政治风险包括：国家治理失败、国家之间冲突、大规模恐怖袭击、国家崩溃或陷入危机、大规模杀伤性武器；环境领域的风险包括：极端气候事件、减缓气候变化失败、生物多样性丧失和生态系统崩溃、大的自然灾害、人为环境灾难；社会领域的风险包括：城镇计划失败、粮食危机、大规模被迫移民、深度的社会动荡、大规模传染病、水资源危机；技术领域的风险包括：技术进步导致的负面结果、关键信息基础设施和互联网破坏、大规模网络攻击、大规模资料被盗。澳大利亚经济与和平研究所的年度"全球和平指数"对全球风险的评估与世界经济论坛的不同。该指数由暴力指数、有组织犯罪、军费开支、民主状况、政治透明度、教育水平、国内因组织性冲突死亡人数、与邻国关系等24项指标对世界每个国家打分后排名。根据这些分值可以看出每个国家的和平状况，进而评估出世界或地区和平状态。

全球层次风险评估是对国际进程中不利因素进行分析。我们提出13类25项全球层次风险评估指标（每次评估不一定全部涉及），分属社会领域、技术领域、经济领域、军事领域和政治领域等五大领域。

1. 社会领域

事项	内容	趋势
人口	各年龄段人口	老龄化人口比重增加
生活方式	城镇化	城镇化程度减缓
	教育水平	教育水平下降
	中产阶级	中产阶级主体地位减弱
财富分配	贫困人口状况	贫困人口占人口比重增加
	收入分配	收入分配平均恶化
	发达国家与发展中国家	世界财富集中到少数国家

2. 技术领域

事项	内容	趋势
科技创新	技术创新的重视程度	研发投入和从事研发的人员数量减少
新技术运用	新技术运用前景广阔	新技术在不同领域运用带来负面影响

3. 经济领域

事项	内容	趋势
能源资源	资源能源供应量	能源资源供需矛盾加剧
	能源资源争夺	能源资源的争夺激烈
国际贸易	国家之间的贸易联系	贸易密切程度松散
	贸易保护主义	贸易壁垒或自由贸易程度提高
	贸易组织	贸易组织作用弱化
金融投资	货币体系	美元地位动荡
	国际金融投资量	外资、相互投资减少

4. 军事领域

事项	内容	趋势
战争与冲突	战争与冲突频率	未来战争与冲突增多
	战争与冲突地理分布	不同区域的战争与冲突频率增多
军费开支与军备竞赛	军费开支增加	各国军费开支增加
	军费开支分布	特定区域军费开支增加

5. 政治领域

事项	内容	趋势
国家行为体作用	大国的国际控制力	大国对国际社会控制力弱化
	非国家行为体	非国家行为体作用趋势增强
意识形态	意识形态作用	意识形态对抗程度加剧
全球治理	国际组织	国际组织应对危机能力下降
	联合国	联合国在世界事务中的作用弱化

对这 25 项指标首先要评估未来 10 年内发生的可能性，然后评估影响程度，再根据风险＝可能性×损失，就可以评估出全球层次各项指标的风险、五大领域的风险以及全球性风险。具体如下：

1. 可能性

赋值	可能性数值	程度
4	＞20%	高
3	10%—20%	中等
2	1%—10%	稍低
1	＜1%	低

2. 损失①

赋值	造成经济损失	人员伤亡	影响世界 GDP 增长
4	多于 10000 亿美元	多于 1000000	>1.5%
3	2500 亿—10000 亿美元	10000—1000000	0.7%—1.5%
2	500 亿—2500 亿美元	100—10000	0.2%—0.7%
1	100 亿—500 亿美元	100	<0.2%

　　国家层次安全风险评估不同于全球层次风险评估，主要包括以下几个方面内容：（1）某项利益的价值评估。根据受到影响的利益重要性和完整性进行评估。利益的重要性，是指在国家安全中所处的地位。利益的完整性，是指可以让渡的分量，可以让渡分量大而不对国家安全造成严重影响，完整性低。反之，完整性高。（2）威胁评估。威胁是指对利益造成的损失或伤害。威胁涉及多个方面，关键是战略对手可能造成的损失或伤害，可以采用前面战略对手的评估方法。（3）脆弱性评估。脆弱性是指某项利益的脆弱性，即某项利益得到维护的程度。需要指出的是，单纯脆弱性不会对国家利益造成损失，只有被对手利用才是真正的脆弱性。利益脆弱性具有隐蔽性，对其评估存在一定难度，同时也是风险评估中最重要的环节。评估脆弱性的重点是全球或相关地区风险对自身利益的影响、自身与有关国家之间的能力差距。

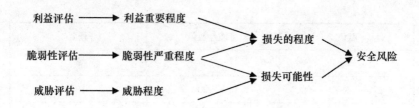

安全风险评估示意图

---

① 具体数字可以根据情况设定。上述经济损失数字引自世界经济论坛《2006 年全球风险报告》。

在明确安全风险评估的主要内容后，就可以采取一定方法进行评估。[①]我们这里运用层次分析法对国家层次的安全风险进行评估。

一是设置评估指标体系，并给第一层、第二层指标赋权重。

第一层指标	权重符号	权重	第二层指标	权重符号
利益价值	a	0.40	利益的重要性	a_1
			利益的完整性	a_2
			利益的持续性	a_3
脆弱性程度	b	0.30	全球或相关地区的风险	b_1
			能力差距	b_2
威胁程度	c	0.30	战略目标	c_1
			战略判断	c_2
			战略图谋	c_3
			战略能力	c_4

二是对利益价值进行评估，并赋值。有利益就需要维护，需要维护就面临压力。对某项利益的评估从三个方面进行：利益的重要性、利益的完整性以及利益的持续性。

利益的重要性，是指某项利益属于生死攸关利益、重大利益、重要利益，或是一般利益范畴。利益越重要，面临的压力越大。

等级	特征	权重
生死攸关利益	涉及到国家生存	−1
重大利益	丧失将引起灾难	−0.75
重要利益	危及国家发展	−0.50
一般利益	轻微损失	−0.25

利益的完整性，是指某项利益可让渡或协调的程度。利益完整性程度越高，面临的压力越大。

① 风险评估的方法有很多，除了前面介绍的层次分析法、模糊综合分析法、多元统计分析法等外，还包括故障树分析法、灰色评估法等。

等级	特征	权重
完整性程度高	不能做任何让渡，否则将引起国家无法接受的影响	−1
完整性程度较高	可做稍微让渡，否则将造成重大损失	−0.75
完整性程度中等	可做部分让渡，否则将引起冲击，但可弥补	−0.50
完整性程度低	可完全或大部让渡	−0.25

利益的持续性，是指维护某项利益的时限。利益持续性越强，面临的压力越大。

等级	特征	权重
时限程度高	必须长时段关注（20 年以上），否则将引起难以承受的损失	−1
时限程度较高	必须较长时段关注（10—20 年），否则将引起严重损失	−0.75
时限程度一般	必须在特定时段内关注（5—10 年），否则将引起损失，但可在下一时段纠正	−0.50
时限程度低	在短时期内关注（5 年以内），否则将引起轻微损失，可随时纠正	−0.25

三是对脆弱性的程度进行评估，并赋值。脆弱性评估从两个方面进行：全球或地区风险、自身核心能力与战略对手核心能力之间的差距。

评估全球或地区风险的影响，主要是评估与自己相关的领域并可能造成负面影响等级并赋值。

等级	特征	权重
严重	全球或相关地区风险对自身利益造成严重影响	−1
较严重	全球或相关地区风险对自身利益造成较严重影响	−0.75
一般	全球或相关地区风险对自身利益造成一般影响	−0.5
较低	全球或相关地区风险对自身利益造成较低影响	−0.25

所谓核心能力的差距，是两者战略能力之间的比较。既可以从战略能力构成要素角度进行，也可以从战略能力功能角度进行比较。

等级	特征	权重
差距很大	20 年以上时间才能追赶上，国家内政外交需本质性改变	−1
差距较大	10 年到 20 年内才能追赶上，国家内政外交需重大调整	−0.75
差距一般	5 年到 10 年内才能追赶上，国家内政外交需一般性调整	−0.5
差距很小	5 年时间内能够追赶上，国家内政外交不需调整	−0.25

四是对威胁程度进行评估，并赋值。可以根据我们前面评估战略对手方法评估威胁，将威胁分为严重威胁、较严重威胁、一般威胁和潜在威胁四个等级。

等级	特征	权重
严重	可能造成难以承受的损失	−1
较严重	可能造成巨大损失	−0.75
一般	可能造成严重损失	−0.5
潜在（非威胁）	特定时间内不会造成损失	−0.25

我们用 I 表示利益重要性，用 C 表示利益完整性，用 Z 表示利益持续性；用 F 表示全球或地区风险影响，用 G 表示核心能力差距，用 T 表示威胁程度。国家面临的安全风险评估公式 $R = H \times P$，即损失可能性 $P = [(F \times b_1 + G \times b_2) \times 0.3] \times [T \times 0.3]$，损失程度 $H = [(I \times a_1 + C \times a_2 + Z \times a_3) \times 0.4] \times [(F \times b_1 + G \times b_2) \times 0.3]$。损失可能性评估分值越低，可能性越高；损失程度评估分值越高，损失程度越严重；安全风险评估分值越低，风险程度越高。根据安全风险评估分值，可以将安全风险分为不可接受的风险、高风险、中等风险、低风险、无风险或可忽视的风险五个层次[①]，其实就是四个等级：高风险、中等风险、低风险和无风险。在这个评估公式中，国家的脆弱性具有重要作用。脆弱性是战略对手发挥作用的中介，战略对手通过脆弱性影响到己方国家利益。

---

① 米谢勒·弗卢努瓦编辑，上海科学院国际战略研究中心编译：《2001 四年防务评估——安全驱动的战略选择》，国防大学出版社 2003 年版，第 216—217 页。

这项公式既适合评估总体性的国家安全风险，也适合评估具体领域的安全风险。比如评估经济领域国家面临的安全风险，首先要列举出国家在经济领域的主要利益，并对各项利益价值进行评估；然后对国家在经济领域的脆弱性进行评估，要评估全球经济领域的风险，以及与有关国家在经济领域战略能力比较；评估威胁主要是在经济领域面临相关国家的威胁程度。根据经济利益价值、经济脆弱性和经济威胁程度，就可以评估经济安全风险。

战略需求是为消除、降低或控制安全风险程度而对战略资源的要求。对于任何一个企业或国家来说，生存和发展是两大永恒主题，其战略需求包括生存战略需求和发展战略需求两大类。所谓生存战略需求，是指消除、降低或控制影响企业或国家作为主体存在的风险而对战略资源的要求；发展战略需求，则是指消除、降低或控制影响企业或国家繁荣的风险而对战略资源的要求。

二、战略需求与战略匹配

根据战略需求调动和运用合理的战略资源，这就是战略匹配。这里的战略匹配主要是应对国家层次的风险。一个企业或国家战略体系包括三个层次：总战略，即企业或国家最高战略。该战略指导各个领域的业务战略和各个部门的职能战略；业务战略，是企业或国家在特定时间内涉足领域的战略；职能战略，是企业或国家的部门需要完成的任务。由此，战略匹配包括总战略与业务战略及职能战略之间的匹配；各业务战略之间的匹配、各职能战略之间的匹配等三个方面。这些战略匹配可以分为纵向战略匹配和横向战略匹配两大类。

（一）纵向战略匹配（供应链战略匹配）

纵向战略匹配是指战略需求与资源供给之间的协调一致。从某种角度讲，业务战略、职能战略都是围绕总战略来调动资源的。因此，业务战略、职能战略与总战略之间的匹配是纵向战略匹配，这种战略匹配是传统的战略匹配。自古希腊罗马之时起，实现需求与能力之间的协调一致就为战略理论所重视。博福尔就指出："战略的目的就是对于所能动用的资源作最好的利用，以达到政策所拟定的目标。"①

纵向战略匹配将实现战略需求与资源之间协调一致看成是一个连续、不间断的链条，将资源的供应看成是包括资源动员、能力转化、产品制造和需求满足等环节构成的链条。近几年，美国国防部推行的PPBES（Planning, Programming, Budgeting, Execution Process System）即规划、制定项目、预算和执行体系就是一种典型的纵向匹配。在规划阶段（Planning），主要是制定国家安全战略，确定安全需求。参联会根据国家安全战略要求制定国家军事战略，并提出参联会主席项目建议。国防部长根据上述文件制定未来几年国防计划和国防指导计划。在项目制定阶段（Programming），国防部制定项目目标备忘录，主要内容是明确各军种资源分配情况。项目目标备忘录必须服从国防计划和财政预算。制定出的项目目标备忘录必须经过参联会审查，以确保军队战斗力和军事水平与国家安全战略、军事战略和国防计划相一致。预算阶段（Budgeting），国防部及各军种相关部门根据项目备忘录清单，提交预算报告。预算报告需要经过总统预算管理办公室和国防部长办公室共同审查，主要审查预算报告是否符合国家安全战略、军事战略、国防计划和项目目标备忘录的要求。执行阶段（Execution Process），按计划将预算经费分配。经费分配和使用要接受国防部审计和相关项目管理部门的控制和监督。通过 PPBES，美国国防部围绕国家安全需求，将下属各个军种、各部门资源有机协调起来，提高了资源动员的协调性，实现了安全需求与战略资源之间的战略匹配。

纵向战略匹配具有以下特点：一是纵向战略匹配强调以战略需求为牵引来制定资源供应战略。从纵向战略匹配角度看，业务战略和职能战略都是总战略的资源供应。一个企业或国家的战略需求包括生存需求和发展需求。生存需求是每个企业或国家的基本需求，"生存支配其他动机，因为一旦国家被征服，它就没有资格追求其他目标"②，比如国家的领土主权和生存安全是所有国家都需要维护的，失去这

---

① 安德烈·博福尔著，军事科学院外国军事研究部译：《战略入门》，军事科学出版社 1989 年版，第 6 页。

② 约翰·米尔斯海默著，王义桅等译：《大国政治的悲剧》，上海人民出版社 2008 年版，第 35 页。

些或这些需求得不到满足，国家就难以存在。生存需求是可以预测的，企业或国家据此动员的资源大体可定。发展需求是在生存基础之上的需求，不断变化。而且，不同类型的企业或国家追求生存之外的需求千差万别。二是两种类型需求的资源供应链的重点有差异。对于生存需求，资源供应战略的重点是能及时动员足够的资源，这是一种基础性供应链，任何时候都要存在和维持的供应，是任何企业或国家都必须首先实现的战略匹配；对于发展需求，由于需求变化快，而且多样，资源供应战略的重点是能够动员多样化资源，以应对多样化的需求，而且要适度，不能造成战略浪费或透支，这是一种反应性供应链。

	生存需求	发展需求
基础性供应	匹配	不匹配
反应性供应	不匹配	匹配

不同的需求要有不同的资源供应链，否则就是战略不匹配，不仅不能有效应对安全风险，还有可能使之恶化。基础性供应链强调的是充足，反应性供应链注重的是多样和适度。生存需求与基础性资源供应之间是战略匹配，如果与反应性资源供应相结合就是战略不匹配；发展需求与反应性资源供应之间是战略匹配，与基础性资源供应就是战略不匹配。基础性供应是有针对性的，而发展需求是多样的，如果不能调动多样化的资源，就不能满足多样化的发展需求。

（二）横向战略匹配 (战略协同匹配)

横向战略匹配是指战略资源在领域或部门之间的分配要协调一致，即业务领域之间、部门职能之间的战略匹配。李德·哈特指出："战略是分配和运用军事工具，以来达到政策目的的艺术"，"大战略要负责规定各军种之间的力量应该如何分配，以及军事与工业之间的关系应该如何分配"。[①] 在战略思想史上，李德·哈特是第一个

① 李德·哈特著，钮先钟译：《战略论：间接路线》，上海人民出版社2010年版，第277—278页。

提出资源分配的战略学家。如何在领域或部门之间分配资源是横向战略匹配关注的重点。

横向战略匹配具有以下特点：一是不同领域和部门有不同的战略需求。安全战略需求涉及政治、经济、军事、外交、社会和文化等众多领域，以及外交、国防、商务、公安、司法等众多部门。众多领域的生存需求和发展需求不一样，比如政治领域有政治生存需求和组织发展需求，经济领域有经济生存需求和经济发展需求，军事领域有国家生存需求和军事发展需求等；各个职能部门的战略需求也存在差异，外交部有外交战略，国防部有国防战略，商务部有经济贸易战略等。无论是外交战略、国防战略、经济贸易战略等，都包括生存需求和发展需求。而且，业务领域的战略需求与职能部门之间的战略需求也不同，两者相互交叉。完成业务战略需求，需要多个部门协同；职能部门的战略需求则涉及多个业务领域。

二是不同的战略需求有不同的资源供应。战略总需求要分解到具体的领域，形成领域目标。"在总体战略这一层次之下，每一个领域（军事、政治、经济或外交）都应有一个全面战略。其功能是在某个特殊领域内分配任务并协调各种不同的活动。"[1] 满足领域战略需求从而实现领域的战略目标，需要重点动用本领域的资源，例如经济战略目标主要依靠金融、贸易、投资等资源来达成，军事战略目标主要依靠军事力量来实现。这些领域的资源和力量性质是不一样的，资源的供应方式有差异。外交领域注重以和平方式维护国家安全，资源供应强调连续、非暴力；军事领域则强调以强制性方式满足战略需求，资源供应注重快速、暴力。

战略总需求也要具体分解到各个职能部门，形成职能战略需求和目标。国家职能部门一般包括规划发展、市场开拓、财务、技术、生产和人力资源开发、战略文化等专业职能部门，各个职能部门都有自己的战略需求和战略目标。满足职能战略需求和实现战略目标，需要动用本部门能够控制和调动的资源，这种资源不一定是单一性质的资源，可能涉及多种，比如外交战略的实施主要依靠外交人员、

---

① 安德烈·博福尔著，军事科学院外国军事研究部译：《战略入门》，军事科学出版社 1989 年版，第 17 页。

机构和资源，但也需要其他的资源如经济、军事、文化等。

三是业务战略需求和职能战略需求之间的资源供应存在差异。业务战略的资源供应主要是纵向性的，关注的是资源供应的速度和顺畅。军事战略主要目标是打败对手，争取战争的胜利，军事资源供应"第一个主要原则就是尽可能集中地行动；第二个主要原则是尽可能迅速行动"。[①] 职能战略是为战略总需求和业务战略服务的，需要调动多种不同的资源。职能战略的资源供应主要是横向性的，关注的是资源供应的多样性和协同性，强调资源互补和协调行动。

三、战略匹配的方法

战略匹配方法主要解决的是如何调动资源，以及调动多少资源的问题。实现战略匹配的方法有很多，这里主要介绍以下几种：

（一）SWOT分析模型

SWOT 又称态势分析法，现已被广泛应用于安全环境分析，也是进行战略匹配最基本方法。SWOT 通过分析企业或国家面临的外部环境，确定外部环境中存在的机会，以及给企业或国家可能带来的威胁，并分析自身与战略对手之间在核心能力方面的优势、劣势，在此基础上确定战略需求。

一是 SWOT 包含的战略匹配方法。SWOT 确定的战略需求包括两大类：抓住机会的需求和应对威胁的需求。SWOT 的战略匹配如下：

	劣势	优势
机会	机会—劣势	机会—优势
威胁	威胁—劣势	威胁—优势

---

① 克劳塞维茨著，中国人民解放军军事科学院译：《战争论》，商务印书馆 1995 年版，第 913 页。

首先，机会—劣势战略取向，这是一种扭转被动局面的方法。该方法强调企业或国家虽然面临外部环境提供的有利时机，但由于自身资源不足，难以利用这个有利机会来满足更高的战略需求。实现机会—劣势的战略匹配主要有两种：或者加强管理，增强自身实力，提高战略资源供给；或者根据外部机会确定与自身战略资源相适宜的需求，即降低战略需求。正如李德·哈特指出："调整你的目的以来配合手段。在决定你的目标时，一定要具有清楚的眼光和冷静的计算。'咬下的分量超过你可以嚼烂的限度'那实在是一种愚行。"[1]

其次，机会—优势战略取向，这是一种积极主动性的战略匹配。该方法强调要抓住外部机会，尽可能合理地动用自己所拥有的优势资源，来满足更高的战略需求。实现机会—优势的战略匹配的方法较为简单，就是根据外部环境提供的有利时机采取扩张战略，适度调动资源，增强实力，满足合理的战略需求。冷战结束后，随着国际环境的巨大变化，美国面临多种选择机会，对此美国国内学者展开了美国大战略讨论。罗伯特·阿特从机会—优势战略匹配的角度，提出了自己的看法。

	霸权战略	地区集体安全战略	全球集体安全战略	合作安全战略	遏制战略	孤立主义战略	离岸平衡战略	选择性干预战略
战略目标	改造全世界	维护地区和平	维护世界和平	维护世界和平	遏制侵略或新兴霸权	置身于世界事务之外	遏制欧亚大陆新兴霸权	维持大国和平
目标合理性	不合理	合理	不合理	不合理	合理	不合理	合理	合理
资源投入	超出	高投入	超出	高投入	高投入	闲置	高投入	适中

阿特认为冷战结束后，美国大战略目标面临多种选择，既可以

---

[1] 李德·哈特著，钮先钟译：《战略论：间接路线》，上海人民出版社2010年版，第290页。

采取积极进取的方式，确定大战略目标是改造全世界的霸权战略，也可以采取较为保守的方式，确定脱离世界事务的孤立主义战略。但如何判断所选战略的合理性，主要依据是目标与资源之间可能匹配程度。阿特认为冷战结束后，没有一个国家可以与美国势均力敌，这是美国制定大战略的基础。这种基础要求美国大战略目标不能太保守，但美国也不是无所不能，也有不足，这就决定了美国大战略目标不能太激进。只能是在优势资源基础上确定合理大战略即"选择性干预战略"。①

再次，威胁—劣势战略取向，这是一种防御性的战略匹配。应对威胁永远是安全战略的首要目标。在企业或国家面临威胁的情况下，战略需求必须与威胁相当，既不能动摇，也不能降低。在这种情况下，以劣势资源来应对威胁显然无法实现，唯一的办法只能是防御而不是进攻，加强内部管理，最大限度地改进劣势。安德烈·博福尔认为，如果能动用的资源有限，但目标具有巨大的重要性，就需要采取分阶段的连续性行动或防御性行动。冷战中期，随着苏联实力上升，美苏之间态势发生变化，出现苏攻美守局面，美国总体上处于守势，根本原因在于美国实力受到削弱。

最后，威胁—优势战略取向，这是一种比机会—优势战略取向更为激进的战略匹配。机会—优势方法既注重充分运用自己的资源优势，又强调外部机会虽然提供了多种的战略需求，战略需求不能冒进。而威胁—优势匹配强调要根据应对威胁的战略需求，积极动用自身的战略优势。安德烈·博福尔认为如果可动用的军事资源很充足，则可以通过军事胜利来解决问题。②

二是SWOT方法的具体运用。首先，SWOT在实现纵向战略匹配中的运用。纵向战略匹配要求根据战略需求调动战略资源，战略资源应满足战略需求。在实现纵向战略匹配时，SWOT四种匹配方法要根据实际情况有所选择。（1）机会—劣势战略取向。在面临生

---

① 罗伯特·阿特著，郭树勇译：《美国大战略》，北京大学出版社2005年版。

② 安德烈·博福尔著，军事科学院外国军事研究部译：《战略入门》，军事科学出版社1989年版，第13页。

存需求时，只能是加强管理，提高资源供给。在面临发展需求时，既可以增强管理，提高资源供给，也可以根据现有资源情况，降低发展需求。（2）机会—优势战略取向。在面临生存需求时较主动，只需调动资源满足需求而已。在面临发展需求时，可以调动资源，满足既定发展需求，也可以提出更好发展需求，既有资源照样可以满足。（3）威胁—劣势战略取向。该取向的重点在应对威胁。如果是应对生存的威胁，只能是挖掘潜力，增加资源供给。如果是应对发展面临的威胁，最好是降低发展需求，使之与既有资源水平相适应。（4）威胁—优势战略取向。该取向的重点也是应对威胁。如果应对生存威胁较为主动，调动既有资源满足生存需求而已；如果应对发展面临的威胁，最好是先调动资源达到需求水平，退而求其次才考虑降低需求的问题。

其次，SWOT 在实现横向战略匹配中的运用。横向战略匹配的特点是需求复杂，涉及领域多。业务战略需求是纵向性的，SWOT 的运用与在纵向战略匹配的运用相似，但需要明确机会、威胁、优势和劣势是特定业务领域内的。职能战略是横向的，SWOT 运用与在纵向战略匹配中的运用有所不同，除了机会、威胁、优势和劣势是与职能部门相关，与业务领域无关之外，还有就是资源调动也不一样。（1）机会—劣势战略取向。无论是部门的生存需求还是发展需求，都需要从别的部门调动资源过来来抓住机会，或者降低需求。最有可能的情况是眼睁睁看到大好机会，因资源调动不够而抓不住。（2）机会—优势战略取向。这种取向较为简单，只需调动本部门的资源抓住有利时机而已。（3）威胁—劣势战略取向。这种战略取向相当被动，没有退路，只能是调动其他部门资源来应对。（4）威胁—优势战略取向。这种战略取向比较简单，就是调动本部门的合适资源应对面临的威胁。

三是 SWOT 方法存在的不足。在战略匹配方面，SWOT 方法最大特点是简单明了，但也存在"方向单一"的不足。在 SWOT 中，反映外部环境机会与威胁由多个指标综合而成，而这些指标优劣方向可能不一致，比如特定领域对国家安全的影响与特定领域自身的稳定性可能存在差异，如新兴战略领域对国家安全的影响在上升，但这样的领域可能不稳定，存在易变性导致 SWOT 匹配的结果可能失效。

（二）SPACE 战略匹配方法

战略地位与行动评估矩阵既是一种环境评估方法，也是一种重要的战略匹配方法，既适应于在分析外部总体环境基础上的战略匹配，也适宜于特定领域内的战略匹配，当然最合适的是特定领域内的战略匹配。SPACE 主要从特定领域环境稳定性、特定领域影响力、特定领域竞争优势以及特定领域资源优势四个方面来规划企业或国家在特定领域的需求和资源之间的战略匹配。

采用 SPACE 方法规划战略匹配的步骤：一是分析特定领域环境稳定性、特定领域影响力、特定领域竞争优势以及特定领域资源优势等四项要素，并分别赋值。（1）特定领域环境稳定性包括：特定领域在企业或国家安全中的地位变化、特定领域内结构变化趋势、特定领域内企业或国家之间的互动、特定领域战略对手动向；（2）特定领域影响力包括：特定领域内竞争程度、特定领域进入难易程度、特定领域的替代程度；（3）特定领域竞争优势包括：企业或国家与特定领域相关的核心能力强弱、企业或国家在特定领域占有份额、企业或国家对特定领域影响时限；（4）特定领域资源优势包括：企业或国家拥有的特定领域资源实力、资源流动性、投资收益效率、退出特定领域的方便性、投入特定领域的风险程度。这些指标是粗略的，还需要根据情况细化。

对特定领域资源优势和特定领域影响力的各指标赋予从 +1（最差）到 +6（最好）的评分值，而对特定领域竞争优势和特定领域环境稳定性的各指标赋予从 -1（最好）到 -6（最差）的评分值；将各要素总分除以各自的指标数，得出该要素的平均分值。

二是标出 SPACE 矩阵。将特定领域竞争优势和特定领域影响力作为 X 轴，将特定领域资源优势和环境稳定性情况作为 Y 轴。将四项要素各自的平均值分别标在 X 轴和 Y 轴上。将 X 轴上两个点相加，标在 X 轴上，将 Y 轴两个点相加，标在 Y 轴上；标出 X、Y 轴的交叉点。自 SPACE 矩阵原点，到 X、Y 数值交叉点画一条向量线，这一条向量线所在区域表示国家的战略需求。

三是根据战略需求来确定企业或国家在特定领域拥有的战略资源情况。当向量出现在"进取"区域，说明企业或国家在特定领域

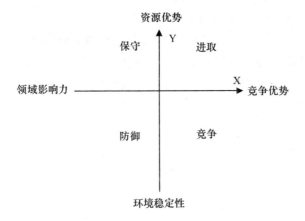

拥有较强的资源优势，对特定领域的影响力较强，企业或国家应提高战略需求，使之与所具有的优势资源相匹配；当向量出现在"保守"区域，说明企业或国家在特定领域拥有较强的资源优势，但在特定领域的竞争优势较弱，企业或国家应该利用自己的资源优势，来巩固已有的竞争地位；当向量出现在"防御"区域，说明企业或国家在特定领域拥有的竞争优势不强，面临特定领域环境动荡，面临压力，但由于竞争优势不强，这种压力很可能带来不利的影响，企业或国家应采取防御战略，降低战略需求，使之与竞争能力相适应；当向量出现在"竞争"区域，说明企业或国家在特定领域具有较强的影响力，但面临特定领域的环境不稳定，这种不稳定提供了竞争机会，企业或国家应抓住提供的机会，并利用在特定领域的影响力来满足较高的战略需求。

（三）BCG 战略匹配方法

BCG 是波士顿矩阵（Boston Consulting Group）的英文缩写，是目前管理领域一种规划战略匹配的重要方法。SPACE 比较适合于单一领域，而 BCG 适合于多领域间的比较分析。BCG 是根据特定领域在企业或国家战略中地位变动情况，以及自身在该领域的相对影响情况，来进行战略匹配。该方法最大的作用是帮助企业或国家确定相关业务领域的吸引力。BCG 强调企业或国家必须将有限的资源合理地投到一定领域或业务，实现需求与资源之间的战略匹配，以保证企业或国家拥有持久的竞争优势。

采用 BCG 方法规划战略匹配的步骤：一是建立 BCG 矩阵。BCG 主要考察两个变量：特定领域对企业或国家的影响程度，以及企业或国家在特定领域内的影响。将自身在特定领域的相对影响力作为横轴（自身绝对影响力除以该领域中最高影响力所得的数值）；将特定领域对企业或国家影响程度变化作为纵轴。横轴和纵轴共分为四个象限，分别代表四种领域或业务类型。

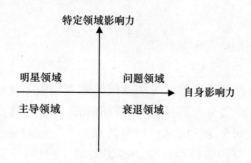

二是根据领域或业务类型确定战略需求，并调动相应的战略资源，实现战略匹配。（1）问题领域。该类领域是指特定领域对企业或国家影响不断上升，但有关企业或国家在其中影响有限。这样的特定领域具有风险系数较高、对企业或国家影响不断增强的特点。有关企业或国家为维护自身安全，要及时提升自己的战略需求，并不断投入较多的资源，才能不断增强影响力，适应该领域在企业或国家中地位上升的步伐。比如网络安全领域现在对于国家安全来说，就是一种问题领域。网络安全对国家安全的影响不断上升，除了美国之外其他国家对该领域的影响有限，需要不断加大投入。（2）明星领域。该类领域是指特定领域对企业或国家影响不断上升，而且企业或国家在其中具有较强影响的领域。明星领域存在着企业或国家继续增强影响力的机会。但在某种程度上，这种影响并不是越强越好，因为在这种领域，企业或国家已经投入很大的资源，如果要继续增强影响力，就需要加大资源投入，有可能导致企业或国家力量透支，反而有可能削弱已有的影响力。对于明星领域，一定要把握好战略需求与战略资源之间的平衡，应根据可能调动的资源来调整战略需求，不能只根据该领域具有增强影响力的机会特点，来确定超出资源限度的战略需求。（3）主导领域。该类领域是指对企业或国家影响基本稳定，且有关企业或国家在其中具有较强影响的领域。该领域是一个成熟领域，具有投入固定、能给企业或国家带来一定保障的特点。对于该领域，企业或国家通常应保持既有投入，以满足既定战略需求。（4）衰退领域。该领域是指对企业或国家影响下降，且企业或国家在其中影响不断降低的领域。这样的领域对企业或国家影响降低，但却占据大量资源，企业或国家应该逐步退出，降低战略需求，减少资源投入。

BCG 说明如果资源错误配置，战略不匹配，将导致两大灾难：（1）主导领域变成衰退领域。主导领域虽然稳定，但如果主要企业或国家对该领域投入不足，该领域可能变成衰退领域。在这种情况下，如果有关企业或国家不能及时准确预测其性质变化，还加大投入或者维持原有投入，将导致力量透支，反而影响到自身安全；另外，如果有关企业或国家不顾主导领域特点和要求，过度投入，也会造成力量透支。（2）明星领域变成衰退领域。明星领域是对企业或国家影响不断上升的领域，但如果主要企业或国家不及时投入，该领域对企业或国家的影响有可能下降，变成衰退领域；同时，如果有关企业或国家不根据明星领域特点和要求及时增加投入，造成资源难以满足战略需求，将影响自身安全。

BCG 矩阵存在不足：由于评估内外因素过于宽泛，可能造成两个或多个不同领域位于同一象限内，影响战略匹配的精确性；另外，这种方法没有同时顾及到两项或多项领域之间的关系，只注重特定领域的纵向战略匹配，忽视了领域之间的横向战略匹配。

（四）GE 矩阵的战略匹配方法

GE 矩阵对波士顿矩阵两项衡量指标进行了细化。采用 GE 模式规划战略匹配的步骤：

一是对特定领域吸引力和企业或国家在特定领域内的竞争力进行细化。先将特定领域吸引力细化，分为以下几项：（1）特定领域在企业或国家战略的地位；（2）特定领域竞争集中度；（3）进入特定领域的技术要求；（4）进入特定领域的资源要求；（5）与特定领域相关的社会/政治/法律。再将企业或国家在特定领域的竞争力细化，分为以下几项：（1）在特定领域内的力量份额；（2）对特定领域投入增长率；（3）在特定领域的产品质量；（4）在特定领域的产品知名度；（5）特定领域产品的生产率；（6）单位成本；（7）开发研究能力。

二是测算两项要素，赋予一定数值。一般采取五级评分标准。特定领域的吸引力：1＝毫无吸引力，2＝没有吸引力，3＝中性影响，4＝有吸引力，5＝有极强吸引力；国家或组织在特定领域的竞争力：1＝极度竞争劣势，2＝竞争劣势，3＝同竞争对手持平，4＝竞争优势，5＝极度竞争优势。

三是将企业或国家综合评估标在 GE 矩阵上。矩阵横轴为有关企业或国家的竞争实力，纵轴为特定领域的吸引力。每条轴分为三部分，这样矩阵成为网格状，每个网格的战略需求不一样。将有关企业或国家标在矩阵上，看其具体所在的网格，判断其战略需求。根据战略需求，调动相应的战略资源。

（五）大战略矩阵的战略匹配方法

大战略矩阵的战略匹配方法原理与 GE 一致。该方法以企业或国家在特定领域的竞争地位和该领域对安全影响程度作为确定企业或国家战略需求的两项指标。

第一象限是战略匹配，应采取维持战略。在该象限内，特定领域对企业或国家影响力强，企业或国家在该领域具有较高的战略需求，能够调动的资源也充足。企业或国家应该维持在该领域较高的战略需求，保持对该领域较高的战略资源投入。如果需求较低，应

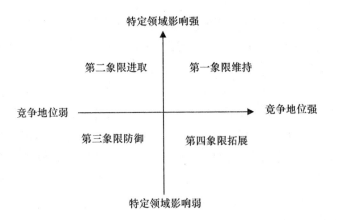

该提高需求，以适应资源投入水平；如果资源投入较低，提高资源投入，满足较高的需求水平。

第二象限是战略不匹配，应采取进取战略。在该象限内，企业或国家在特定领域的竞争力不强，资源投入有限，但该领域对企业或国家的影响较强，对该领域的战略需求较高，战略不匹配。如果不及时调整，战略匹配失衡就有可能进一步恶化，需要积极进取，加大战略资源投入，扭转战略不匹配局面。

第三象限是战略匹配，应采取防御战略。在该象限内，特定领域对企业或国家的影响有限，企业或国家对该领域的需求有限。企业或国家在该领域竞争力有限，实现战略匹配。如果企业或国家在该领域有较高的战略需求，就需要降低需求，适应现有的战略资源投入；如果企业或国家在该领域有较高的资源投入，就需要降低投入，适应现有战略需求。另外还可以将过多的资源从现有领域业务转向其他领域。如果各种努力失败，最后的选择是退出该领域。

第四象限是战略不匹配，应采取拓展战略。在该象限内，特定领域对企业或国家影响力较低，企业或国家对该领域战略需求较低，但企业或国家在特定领域内有较强的竞争力，战略不匹配。如果企业或国家对该领域现有战略需求太高，就需要降低战略需求。过多的战略资源不能闲置，需要向其他领域投入资源。

大战略矩阵、GE 与 BCG 的不足一样，只注重纵向战略匹配，而轻视横向战略匹配。

（六）平衡计分卡的战略匹配方法

平衡计分卡是近几年才出现的一种战略匹配方法，影响越来越大。2015 年 9 月兰德公司发表《美国与中国军力计分卡：军力、地缘与力量平衡》报告，影响巨大。该报告用平衡计分卡的方法对中美军事力量进行评估，并针对美国提出了战略匹配建议。该方法是1999 年由哈佛商学院教授罗伯特·卡普兰和诺兰诺顿总裁戴维·诺顿共同发明，起初用于公司管理，后逐渐扩展到政府机关、军事部门等，其成功之处在于它打破了传统的、单一使用财务指标衡量企业业绩的方法，以企业发展战略为导向，通过财务、客户、内部业务流程和学习与增长四个维度及其与业绩指标的因果关系来全面管理和评估企业的业绩。该模式目前发展到第三代。第二代平衡计分卡运用战略地图工具，帮助企业、组织或国家解决了如何筛选和归类衡量指标的问题，强调衡量指标应该反映有关组织特有的战略意图。战略地图成了帮助企业和组织明晰战略、执行战略的有效工具。第三代平衡计分卡引入战略中心型组织的概念，强调企业或国家应该建立基于平衡计分卡的战略管理体系，调动所有的人力、物力、财力等资源，形成战略匹配，协调一致地达成战略目标。1996 年上海博意门咨询公司的创始人毕意文博士和孙永玲博士最先将该方法介绍到国内，现在该方法逐渐推广到企业、政府机关等部门。

平衡计分卡主要通过四个维度来实现战略匹配：（1）影响维度，主要指企业或国家对国际社会和特定领域的影响。主要涉及三项指标：别国支持度、特定领域的保持率、获利率。（2）内部流程维度，主要指内部各业务部门和职能部门之间是否协调和有序，涉及到价值链分析，这是平衡计分卡的最大特点。（3）资源维度，主要指内部供应链能否支撑和满足战略需求。主要涉及三项指标：收益增长、成本降低和效率提高、资源动员及投向。（4）发展维度，主要指企业或国家内部的核心能力。主要涉及人力资本、组织创新等指标。这四个维度的指标数值都可以通过战略环境评估得到。

平衡计分卡实际上是一个综合评估体系，它将企业或国家放在一个宏观的大环境中，从四个维度出发，以全局和均衡的视角描述

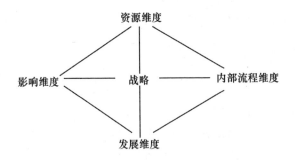

了影响企业或国家内外因素，对企业或国家的战略匹配进行了全面评估，有利于企业或国家调整自身战略匹配现状，以实现更加均衡的战略匹配。

第二节　战略匹配与战略选择

战略匹配只是规划了需要投入战略资源的量和类型。一旦确定了战略资源的量和类型后，就需要注意战略资源的调动方式问题，即将调动的战略资源投送到相关领域的问题。战略资源调动方式不当，也能够影响到战略匹配。

一、战略资源的调动方式

战略资源调动方式是关于如何将资源投送到相关领域的问题。如何有效调动战略资源，一般有三种战略选择：

（一）成本领先战略

战略资源运用要付出成本。如果调动成本高，投送到相关领域的战略资源就会减少，规划好的战略匹配最后就成了不匹配。成本领先战略是降低资源运用成本的战略，是企业或国家调动战略资源，实现战略匹配，从而获得竞争优势的首选途径。成本领先战略的价值在于其持久性，如果有关企业或国家运用资源成本领先的缘由难以被竞争对手复制或模仿，其持久性就存在。① 企业或国家运用资源的成本领先取决于相关的价值链以及每一项价值活动的成本。要取得成本优势，就需要在资源运用的整个过程或某些环节进行成本控制。

一是转换资源的调动方式。如果比对手调动资源的成本低，就享有成本领先优势。如果比对手资源调动成本高，想要降低成本，就要采取新的资源调动方式。通过转换调动方式，能够从根本上改变成本的构成。竞争对手要适应新的资源调动方式，就会面临高昂的代价，特别是那些在某些领域内已经确立地位的竞争对手更是如此，因为面临巨大的转移壁垒。

转换资源调动方式是获得成本领先的主要途径，因为方式转换能够提供根本改变自身成本构成要素的重要机会，采用一个不同的低成本价值链，可以使企业或国家为一个领域建立一个新的成本标准，② 以此树立自己在该领域的地位。军事变革的本质是战斗力生成模式的改变，这种改变实际上就是战争成本的降低，哪个国家能够引领军事变革或者在军事变革中占据先机，就不仅能降低自己在战争方面的成本，还可以在军事领域树立自己的主导地位。

二是控制资源调动某些环节的成本。战略资源调动的每一个环节也是创造价值的活动。转换资源调动的方式虽然能够较大程度地降低成本，但这种转换是大规模和本质性的，转换本身可能要付出巨大的代价。相比较而言，对资源调动某些环节进行控制就较为容易。通过控制资源运用的规模、提高运用效率、加强要素的整合等，也可以有效降低资源运用的成本。③

---

① 价值链实质上是实力运用的过程。迈克尔·波特著，陈小悦译：《竞争优势》，华夏出版社 2005 年版，第 96 页。

② 迈克尔·波特著，陈小悦译：《竞争优势》，华夏出版社 2005 年版，第 108 页。

③ 一般说来，通过在特定领域增加实力运用规模可以降低成本。对于规模与成本的关系问题要做具体分析，在现有领域或区域内扩大规模一般会降低成本，但进入新的领域或新的区域有可能提高成本；提高实力运用的效率无疑是降低成本的最佳途径。对实力要素进行整合主要是围绕价值链来整合相关的活动，以减少与之无关的价值活动。

（二）　差异化战略

一般地，企业或国家总是希望避开对手的优势，以不同于对手的方式活动，即"你打你的，我打我的"，这是获取竞争优势乃至战胜对手的重要途径。差别化战略并非不关注成本，它更看重的是战略资源调动的独特性和差异性。差异化主要取决于资源调动方式的独特性和某些环节的独特性。与成本领先战略相比，差异化战略不一定带来竞争优势，特别是竞争者能够迅速模仿时。

一是确立独特的资源调动方式。战略资源调动方式的差异化是根本性和整体性的差异化，竞争对手难以轻易模仿。李德·哈特强调："战略学告诉我们最重要的，就是一方面经常保持着一个目标，而另一方面在追求目标时，却应该适应环境，随时改变路线。"[①]"改变路线"就是变化资源调动方式。从某种角度讲，有时这种改变是本质性和整体性的，而且只有整体性和本质性的差异，对手才难以完全模仿，才能充分发挥自身的优势。历史上发生多次军事变革，历次军事变革基本上由军事技术引发，导致军队体制编制、作战方式的巨大变化，标志军事力量运用方式的根本性变化。谁能适应这种根本性的变化，谁就将在军事领域获得与众不同的整体性和本质性的差异化，这种差异化将带来巨大的军事收益。

二是增加资源调动某些环节的独特性。资源调动是一个链条，包括动员、投送等多个环节。除了调动方式的整体差异化外，还可以在某些环节上实现差异化，比如在实力动员或投送等方面与对手不同，以此实现一定程度的制约对手或不受对手制约。二战初期德国之所以能横扫欧洲大陆，不是其军事力量运用方式的整体性改变而导致的，只是装甲、坦克运用方式差异化带来的"闪电战"而导致的，是军事力量运用部分方式改变的结果。

（三）　目标集中战略

成本领先战略和差异化战略追求的是所有领域、某个领域的全

---

① 李德·哈特著，钮先钟译：《序》，载《战略论》，上海人民出版社2010年版，第4—5页。

部或全区域内的整体优势，而目标集中战略强调的是在特定领域、某个领域内的局部或特定区域内的局部优势，动用的战略资源相对有限。实施目标集中战略的前提是能够以更高的效率、更好的效果满足特定领域的具体需要，超过在更广泛范围内的竞争对手，由此获得在该领域内局部的成本领先或差异化优势。例如在经济领域，有些公司通过将资源集中到具体细分市场，满足特定客户的需求来谋求竞争优势。在大战略领域，国家不一定将调动起来的战略资源应用于多个领域或覆盖全领域，可以将资源集中投向某个领域或某领域内更为狭窄的局部。通过夺取某个领域或领域内的局部优势，带来多领域或全领域的竞争优势。比如冷战期间美国将部分资源集中到发展隐形飞机这个项目上，给苏联造成了巨大压力。苏联由于国土面积广阔，边境线漫长，为了防御美国隐形飞机的进攻，不得不把大量军事资源投放到如何防御美国隐形飞机侵犯苏联领空上，结果影响了苏联整个空军的发展。美国集中部分战略资源，发起"星球大战计划"（SDI），迫使苏联进行军备竞赛，不仅影响苏联军事力量发展，还加速其国家解体。

目标集中战略追求的不是所有领域、全领域或全区域的成本领先或差异化，而是特定领域、某个领域内的局部或区域内局部的成本领先或差异化。也就是说，在全部领域、特定领域全部或全区域与竞争对手相比不一定占有优势，但在特定领域或特定区域拥有超过竞争对手的优势。目标集中战略是弱者最终战胜强者的有效战略。解放战争初期，与国民党军队相比，共产党军队整体上处于劣势，但每场重要的战役解放军都集中优势兵力赢得胜利，通过不断赢得局部的胜利，最终实现了整体力量对比的转换。

二、战略资源的增强

实现战略匹配，除了注意既有战略资源状况外，还要注意挖掘自身潜力、增强战略资源。固本强基是实现战略匹配的根本。如何有效增强战略资源，一般有三种战略选择：

（一）一体化战略

从战略资源调动到作用到具体对象上，是战略资源发挥作用的链条，包括资源动员、投送、转化成具体实力、实力运用到具体对象等若干环节。需要注意的是，单个企业或国家不可能在战略资源作用链条所有环节都强势，只能在某些环节上强于对方。一体化战略是企业或国家将现有优势向战略资源发挥作用链条的上游或下游延伸的一种发展战略，其实也是一种增强战略资源的战略。

一体化战略可以分为后向一体化战略和前向一体化战略。企业或国家的活动沿着战略资源动员方向拓展，就是后向一体化；企业或国家的活动沿着战略资源投送到相关领域方向拓展，就是前向一体化。一般说来，增强战略资源的关键是提高资源的动员和投送能力，即注重后向一体化。后向一体化可以分为全面后向一体化和局部后向一体化。全面后向一体化是指企业或国家的优势向战略资源动员、投送、转化等所有环节拓展，局部后向一体化是指企业或国家优势只拓展到部分环节。

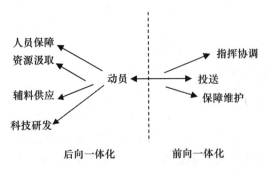

实施一体化战略的主要原因：一是战略资源有效性的变化。一般地，战略资源有效性主要取决于战略资源作用链条下游环节即战略资源运用效果。随着全球化发展，国家之间相互依存程度加强，战略资源的具体运用有时会受到限制，战略资源的有效性开始向上游转移，资源的动员、转化和投送的作用越来越突出。例如现今大国之间军事力量的运用受到越来越多的限制，"武力并没有过时，但是现在使用武力要比以前困难得多，也要付出更高的代价"①，威慑比实战的效果更佳。如果国家只注重战略资源的最终调动，忽视或不重视战略资源的动员、转化，也将影响其有效性。二是差异化的升级。战略资源投送的差异化是最终的差异化，但最终差异化的成效有赖于资源动员的差异化，这些差异化对调动的差异化具有"路径依赖"作用，需要企业或国家将战略资源调动的差异化后移，更重视资源动员的差异化。

（二）整合战略（横向一体化战略）

整合战略，是企业或国家在特定领域内通过扩展战略资源作用链条某些环节的范围和规模，整合该领域资源，实现优势互补，减少竞争对手，进而增强战略资源。

整合战略可以分为协作、集合和合并三种：一是协作战略。该战略是整合战略的最松散方式。协作战略注重专业性，强调要将战略资源作用链条的某些相似环节进行联合，但参与协作的企业或国家要保持独立。通过这样的协作可以扩大相关企业或国家在战略资源作用链条的某些环节上的规模，提高相关环节转化效率。比如2010年以来美国与越南、印度等国家在军事方面的合作，可以进一步增强其在亚太地区的军事影响力；欧洲国家在航天领域的合作也属于整合战略的协作方式，这些国家企图借此提升欧洲在航天领域的竞争力。二是集合战略，即通常所说的联盟战略。集合战略是一种更为紧密的整合方式，涉及到的企业或国家的独立性受到一定程度的限制，北约是美国与欧洲盟国在军事领域的合作，这种合作既受到《北大西洋公约》的约束，又受到北约一系列组织机构的约束。美日、美韩军事联盟也是如此，这种联盟既约束了日本、韩国，美国也受到约束。三是合并战略。合并战略是整合战略的最高形式，企业或国家将其他方的战略资源作用链条的相似环节收购、兼并，以扩大自身在这些方面的范围和规模，例如大型公司收购和兼并其他公司，就是一种合并战略。历史上，英国、法国等国抢占殖民地，

---

① 小约瑟夫·奈著，张小明译：《理解国际冲突：理论与历史》，上海人民出版社2002年版，第16页。

目的之一就是占领原材料供应地和商品倾销地。抢占更多的殖民地，实质上就是扩大原材料供应地和商品倾销地。战后美国推行自由主义经济政策，要求其他国家降低关税，开放市场，其目的就是凭借自身产品优势占领其他国家的市场，本质上是扩大有利于自己的市场。

（三）多元化战略（多样化战略）

多元化战略是指企业或国家在多个领域同时增强战略资源。该战略最早由美国战略学家安索夫提出。[①] 多元化战略在同一时间内涉及不同领域，而一体化战略和整合战略只涉及单一领域，比如国家之间竞争主导权涉及多个领域，属于多元化战略范畴，而制海权、制空权主要涉及军事领域，属于一体化战略和整合战略。

多元化战略可以分为关联多元化战略和非关联多元化战略：一是关联多元化战略，是指国家在特定领域的战略资源作用链条某些环节扩展到其他领域，比如军事战略资源的动员环节，不仅可以在军事领域内，还可以在经济、技术、文化等领域同时推行，当然在其他领域的资源动员必须围绕军事资源的获取进行。再如夺取军事战略主导权，不仅涉及到军事领域，还涉及到科技、外交、经济等诸多领域。并不是科技、外交、经济等领域所有因素，而是与军事主导权密切相关的因素。二是非关联多元化战略，是指企业或国家进入与正在进行的战略资源作用链条没有任何关系的领域，比如国家在争取军事领域主导权的同时，还在努力实现经济主导权、文化主导权、科技主导权等，而这些与军事主导权没有直接联系。

三、战略匹配的选择

前述的战略资源调动和增强影响到战略匹配的成效。如何运用这些战略来提高战略匹配，需要结合战略匹配方法来进行，这就涉及到实施战略匹配的具体战略选择问题。

[①]　H. L. Ansoff, *Corporate Strategy*, London: Penguin Books, 1987, pp. 108 – 109.

（一）SWOT下的战略匹配选择

机会—劣势战略取向提出，企业或国家要扭转被动局面有两种选择：一种是加强自身管理，增强战略资源。与之相适应的战略选择是一体化战略和整合战略。这两种战略都可以进一步增强自身的战略资源。另外一种是确定合适的战略需求。与之相适应的战略首选是目标集中战略，要将处于劣势的资源投送到有限的战略目标，力争形成局部的优势，最终再找机会转化为整体的优势。

机会—优势战略取向提出，企业或国家应主动调动优势资源来满足合理的战略需求，这是一种积极主动性的战略匹配。在战略资源的调动方面，首选是成本领先战略，其次是差异化战略；在战略资源增强方面，首选是多元化战略，其次是一体化战略和整合战略。

威胁—劣势战略取向提出，企业或国家应想方设法增强战略资源。在战略资源调动方面，首选是目标集中战略，要将有限的资源集中投入到能够有效应对威胁的最具体领域；在增强战略资源方面，首选是一体化战略和整合战略，不断挖掘内部潜力，提升战略资源供给，或者是借助其他方的资源来有效应对威胁。

威胁—优势战略取向提出，在资源占据优势的情况下，应对威胁要积极进取。在战略资源调动方面，首选是成本领先战略和差异化战略；在增强战略资源方面，首选是多元化战略和整合战略，其次是一体化战略。

	战略资源的调动			战略资源的增强		
	成本领先	差异化	目标集中	一体化	整合	多元化
机会—劣势			优选	优选	优选	
机会—优势	优选	优选				优选
威胁—劣势			优选	优选	优选	
威胁—优势	优选	优选			优选	优选

（二）SPACE下的战略匹配选择

SPACE方法实际上确定四种战略匹配趋向：进取趋向、保守趋向、防御趋向和竞争趋向。

进取趋向要求企业或国家提高战略需求，以适应所拥有的资源优势。在战略资源调动方面，首选是成本领先和差异化战略。在战略资源增强方面，首选是多元化战略。

保守趋向要求企业或国家利用自己的资源优势，维持在特定领域的竞争地位。在战略资源调动方面，首选是成本领先战略和差异化战略。在增强战略资源方面，首先是一体化战略。

防御趋向要求企业或国家降低战略需求。在战略资源调动方面，首选是目标集中战略。在战略资源增强方面，首选是一体化战略和整合战略。

竞争趋向要求企业或国家根据不稳定环境来确定合理的战略需求，开发出新的战略需求。在战略资源调动方面，首选是差异化战略和目标集中战略。因为新的战略需求需要有新的战略资源，需要差异化战略。同时，整体战略资源又不足，需要采取目标集中战略。在战略资源增强方面，首选是一体化战略和整合战略，不能采取多元化战略，以免进一步恶化战略资源不足困境。

	战略资源的调动			战略资源的增强		
	成本领先	差异化	目标集中	一体化	整合	多元化
进取	优选	优选				优选
保守	优选	优选		优选		
防御	优选		优选	优选	优选	
竞争		优选	优选	优选	优选	

（三）BCG下的战略匹配选择

BCG将企业或国家面临的领域分为四类：明星、问题、主导和衰退。不同的领域，实现战略匹配的要求是不一样的。

在明星领域，企业或国家应确定合理的战略需求，调动适度的战略资源。在战略资源调动方面，首选的是差异化战略。在战略资源增强方面，首选的是一体化战略和整合战略。

在问题领域，企业或国家应积极增强和运用战略资源。在战略资源调动方面，首选是成本领先战略和差异化战略。在战略资源增强方面，首选是一体化战略和整合战略。

在主导领域，企业或国家应保持既有投入，巩固既有优势。无论在战略资源调动方面还是战略资源增强方面，首选是继续原先战略。

在衰退领域，企业或国家应逐步退出。在战略资源运用方面应减少资源的投入，在战略资源增强方面对于相关的资源最好无所作为。

	战略资源的调动			战略资源的增强		
	成本领先	差异化	目标集中	一体化	整合	多元化
明星		优选		优选	优选	
问题	优选	优选		优选	优选	
主导						
衰退						

（四）GE 矩阵下的战略匹配选择

GE 方法提出了九种战略选择取向，这些取向对战略资源运用的要求存在差异。谨慎投入取向要求战略资源的调动要适度；发展性投入取向要求适度加大战略资源投入；全力扩张取向要求大力投入战略资源；有限扩张取向要求适度加大战略资源的调动；选择性投入取向要求战略资源的投入要有重点，一般选择目标集中战略；保持优势取向要求继续维持以前的战略资源的投入；减少损失取向要求减少战略资源调动，采取目标集中战略；全面收获取向要求大力调动战略资源和增强战略资源；有限收获取向要求适度调动战略资源。具体对应的战略选择如下：

	战略资源的调动			战略资源的增强		
	成本领先	差异化	目标集中	一体化	整合	多元化
谨慎投入			优选			
发展性投入	优选	优选		优选		
全力扩张	优选					优选
有限扩张		差异化			优选	
选择性投入		差异化				
保持优势						
减少损失			优选			
全面收获	优选			优选	优选	优选
有限收获	优选				优选	

（五）大战略矩阵下的战略匹配选择

大战略矩阵提出了四种战略取向：维持、进取、防御、拓展。

维持战略取向要求企业或国家加大战略资源调动，保持原先的战略优势。在战略资源调动方面，首选的是成本领先战略和差异化战略。在战略资源增强方面，首选的是整合战略。

进取战略取向要求企业或国家利用已有的战略优势满足更高的战略需求。在战略资源调动方面，首选的是成本领先战略。在战略资源增强方面，首选的是整合战略和多元化战略。

防御战略取向要求企业或国家重点关注战略资源的增强，首选的是一体化战略和整合战略。在战略资源调动方面，首选的是目标集中战略。

拓展战略取向要求企业或国家利用已有的竞争优势向新领域开拓，重点是战略资源增强，强调多元化战略。

	战略资源的调动			战略资源的增强		
	成本领先	差异化	目标集中	一体化	整合	多元化
维持	优选	优选			优选	
进取	优选				优选	
防御			优选	优选	优选	
拓展						优选

四、战略选择的量化分析

前述战略匹配选择只是定性分析。由于现实情况复杂多变，实际的战略匹配选择不一定与定性分析完全契合，还需要辅之以量化分析来确定具体的战略匹配。目前，战略学界比较流行的是借助QSPM 矩阵对战略匹配选择进行排序和选择。QSPM 矩阵即定量战略规划矩阵（quantitative strategic planning matrix），是企业或国家进行战略选择的一种常用的重要分析工具。该方法通过将各种备选方案评分，选择得分最高的备选方案作为最佳方案。

运用 QSPM 矩阵进行战略选择的步骤：（1）列举出战略匹配取向。SWOT 匹配方法有四种取向：机会—劣势、机会—优势、威胁—劣势和威胁—优势；SPACE 方法也有四种取向：保守、进取、防御、竞争；BCG 方法则列举出明星、主导、衰退和问题四大领域，实际上每个领域也是一种战略取向；GE 方法和大战略矩阵一样，也有四种战略取向。（2）列举出影响战略取向的主要指标，并赋予每个指标权重。SWOT 的影响因素包括外部的机会、威胁和内部的优势、劣势四大类，每类下又可以细分为许多指标；BCG 的影响因素包括特定领域对企业或国家的影响、企业或国家在特定领域内的影响，这两大因素也可以细分为多项指标；GE 方法则将特定领域的吸引力和企业或国家在特定领域的竞争力分别细化为五项和七项指标，并分别赋予一定的数值，根据数值选择战略方案；大战略矩阵的方法与 GE 方法的原理一样；平衡计分卡列举出四个维度，每个维度可以细分为不同数量的指标。（3）确定备选战略取向的吸引力。计算每个关键指标对应于每个备选取向的数值 a，再计算出每个备选取向所有指标数值总和 ΣA，选取数值最高者为最终战略匹配方案。

		战略 1	战略 2	战略 3	战略 n
指标 1	权重 1	a_{11}	a_{12}	a_{13}	a_{1n}
指标 2	权重 2	a_{21}	a_{22}	a_{23}	a_{2n}
指标 3	权重 3	a_{31}	a_{32}	a_{33}	a_{3n}
指标 j	权重 n	a_{j1}	a_{j2}	a_{j3}	a_{jn}
		ΣA_{j1}	ΣA_{j2}	ΣA_{j3}	ΣA_{jn}

我们以 SWOT 分析方法为例，具体说明 QSPM 的运用。首先，对特定国家面临的机会、威胁以及优势、劣势进行分析，详细列举出特定时限内影响因素，在此基础上形成四大战略取向：机会—优势、机会—劣势、威胁—优势、威胁—劣势。这四种战略取向只是规定战略需求和战略资源即优势和劣势之间应该具有的平衡关系，如何利用自身优势或避免劣势来满足战略需求，这是战略选择问题即资源运用和增强问题。其次，对实现战略匹配的选择进行量化比较分析。成本领先战略、差异化战略和目标集中战略等战略资源运用战略，以及一体化战略、整合战略和多元化战略等战略资源增强战略，都是实现 SWOT 战略匹配的选择，要对这六种战略选择实现 SWOT 匹配的程度进行比较分析，并赋予一定数值。分为五个等级：很好、较好、一般、较差、很差（可以分别赋予 5 分、4 分、3 分、2 分、1 分数值）。具体如下：

一是利用机会程度分析。主要对六种战略选择利用机会的程度进行分析，得出数值 a。很好（5 分）：充分抓住了机会；较好（4分）：较好地抓住了机会；一般（3 分）：把握机会的程度一般；较差（2 分）：把握机会较差；很差（1 分）：基本没有抓住机会。

二是应对威胁程度分析。主要对六种战略选择应对威胁的程度进行分析，得出数值 b。很好（5 分）：能够很好地应对威胁；较好（4 分）：较好地应对威胁；一般（3 分）：应对威胁的能力一般；较差（2 分）：没有很好地应对威胁；很差（1 分）：几乎没有能力应对威胁。

三是发挥优势程度分析。主要对六种战略选择发挥优势的程度进行分析，得出数值 c。很好（5 分）：充分利用自身的优势；较好（4 分）：较好地发挥自身的优势；一般（3 分）：发挥自身优势的程度一般；较差（2 分）：不能很好地利用自身的优势；很差（1 分）：基本没有发挥自身的优势。

四是避免劣势或弥补劣势程度分析。主要对六种战略选择弥补或规避自身劣势的程度进行分析，得出数值 d。很好（5 分）：很好地弥补自身不足，或能很好规避不足；较好（4 分）：较好地弥补自身不足，或较好地规避不足；一般（3 分）：弥补自身不足或规避自身不足的能力一般；较差（2 分）：没有弥补或规避自身不足；很差

（1分）：基本没有弥补或规避自身不足。

对上述四个方面做出量化分析后，就可以做出系统的比较。

	成本领先	差异化	目标集中	一体化	整合	多元化
机会	a_1	a_2	a_3	a_4	a_5	a_6
威胁	b_1	b_2	b_3	b_4	b_5	b_6
优势	c_1	c_2	c_3	c_4	c_5	c_6
劣势	d_1	d_2	d_3	d_4	d_5	d_6

	成本领先	差异化	目标集中	一体化	整合	多元化
机会—优势	$a_1 + c_1$	$a_2 + c_2$	$a_3 + c_3$	$a_4 + c_4$	$a_5 + c_5$	$a_6 + c_6$
机会—劣势	$a_1 + d_1$	$a_2 + d_2$	$a_3 + d_3$	$a_4 + d_4$	$a_5 + d_5$	$a_6 + d_6$
威胁—优势	$b_1 + c_1$	$b_2 + c_2$	$b_3 + c_3$	$b_4 + c_4$	$b_5 + c_5$	$b_6 + c_6$
威胁—劣势	$b_1 + d_1$	$b_2 + d_2$	$b_3 + d_3$	$b_4 + d_4$	$b_5 + d_5$	$b_6 + d_6$

最后，从成本领先、差异化和目标集中三者中选择分值最高的作为企业或国家的战略资源运用战略，从一体化、整合和多元化中选择分值最高的作为企业或国家的战略资源增强战略。两者结合就是SWOT下实现战略匹配的战略，对于其他的战略匹配选取也可以采取类似的方法进行量化分析。

第六章
大战略评估程序

战略环境评估是一个由多阶段和多环节构成的连续的、动态的过程。关于战略环境评估程序的构成，战略学界一直存在争论。有的学者将环境评估看成是政策评估的一部分，认为政策评估包括准备阶段、实施阶段和结束阶段。[①] 还有的学者认为环境评估包括环境分析、利益界定、威胁判断、实力评估等流程。[②] 中国台湾学者潘东豫将美国近年流行的净评估流程概括为七个步骤：安全目标研定、国家背景描述、国家内外环境分析、竞争者分析、潜在竞争者分析、国家战略定位、做出结论。这些学者关于政策或净评估流程和程序本质上是一致的，分歧点主要在于每个环节包括内容不一样。我们将战略环境评估程序分为三个阶段：大战略评估准备、大战略评估实施和大战略评估结束。

第一节　大战略评估准备

大战略评估准备阶段是评估活动的第一个阶段，也是进行正式评估的启动阶段。评估准备阶段要做好三方面的工作：了解战略环

---

① 陈振明主编：《政策科学——公共政策分析导论》，中国人民大学出版社 2003 年版，第 315—317 页。

② 肖铁峰：《美国对国家安全环境的评估》，军事科学院博士后研究报告 2012 年，第 76 页。

境评估的内容、设计战略环境评估方案、做好评估的组织准备。[①]

一、了解战略环境评估的内容

了解战略环境评估内容主要涉及如下问题：战略环境评估的需要者、战略环境评估的对象、战略环境评估需要者希望明确的问题等。

（一）战略环境评估的需要者，即谁提出了战略环境评估的需求

一般说来，在大战略领域，国家或政府是战略环境评估的迫切需要者。当前，世界主要国家无一不进行安全环境评估，像美国、俄罗斯、日本、英国等世界大国都要定期进行战略环境评估。其次，政府的一些部门像外交部、国防部、商务部等由于工作性质，需要对世界总体形势和周边安全环境有总体的把握，也要定期进行战略环境评估。另外，国际性组织比如联合国、世界银行、国际货币基金组织等因为职能原因，需要把握整个世界形势和部分地区局势走向，也会定期提出战略环境评估的需求。除此之外，一些大型公司特别是跨国公司因为业务原因，要对特定领域或特定区域的形势有总体的了解，也会提出战略环境评估的需求。做好战略环境评估的准备工作，首先要明确是哪类行为体提出了评估需求。

明确战略环境评估的需要者十分重要，因为他们是影响战略环境评估过程的重要变量，为战略环境评估规定了方向，还为评估提供了信息，随后进行评估所需要的许多信息只有他们能提供，比如他们希望评估什么、评估到什么程度等这样的信息。为了保持战略环境评估不偏离方向，以及随时得到评估所需要的某些信息，评估者必须与评估需要者保持经常性的联系，"评估者应该分别与每个评估用户合作，这样他便能够描述用户准备做出的某些潜在决定或是

---

① 牟杰等：《公共政策评估：理论与方法》，中国社会科学出版社 2006 年版，第 145 页。

行为范畴，了解用户考虑与此相关问题的形式和本质"①。

（二）战略环境评估的对象

战略环境包括国际环境、特定领域环境、战略对手和国内环境等四个方面。不同评估需求者提出的需求不一样，需要评估的对象也不一样。对于国家或政府来说，不仅要关注国际环境和战略对手，还要关注特定领域环境和国内环境，一般情况下四个方面都需要评估。当然，有时候会向评估者提出只对一个或几个方面进行评估的要求；对于某些政府部门来说，比如商务部、教育部等最需要的是特定领域环境评估，而像有些国家的内政部或公安部重点是国内环境的评估，但像外交部、国防部等还需要国际环境、战略对手等的评估；国际性组织既需要国际环境评估，也需要特定领域环境评估；一些跨国公司最需要的是特定领域战略环境评估，国内大型公司最关注的是国内环境的评估。

	国际环境评估	特定领域环境评估	战略对手	国内环境
国家	√	√	√	√
政府对外部门	√	√	√	
政府对内部门		√		√
国际性组织	√	√		
跨国公司		√		√
国内公司				√

（三）战略环境评估需要者希望把握的问题

战略评估是决策的基础，错误的决策解决正确问题固然愚不可及，但正确的决策解决错误的问题也更荒唐。因此，以正确的决策来解决正确的问题，首先要准确把握战略评估所要解决的问题，这是整个战略评估的牵引。这种问题来自于战略评估需要者的需求。

---

① 彼得·罗希等著，球泽奇等译：《评估：方法与技术》，重庆出版社 2007年版，第 64 页。

战略环境评估的对象不同，需要解决的问题也不同。国家或政府提出的战略环境评估，需要解决的问题主要是国家面临的威胁，特别是战略对手可能给自身造成的压力和威胁程度；某些政府部门提出的战略环境评估主要是解决特定领域国家面临的威胁和压力问题，有些部门希望了解国内威胁和压力情况；国际性组织既想了解总体威胁程度，还想把握特定领域的威胁和压力；跨国公司主要关注特定领域特别是经济领域竞争状况，以及可能面临的压力，还关注在投资国可能面临的压力；国内大型企业主要业务在国内，主要关注的是国内竞争状况。

	国际总体威胁	特定领域的压力	战略对手的威胁	国内压力
国家	√	√	√	√
政府对外部门	√	√	√	
政府对内部门		√		√
国际性组织	√	√		
跨国公司		√		√
国内公司				√

明确问题对于战略环境评估相当重要。明确评估需要者希望解决的问题只是进行准确战略评估的前提，只是轮廓性的，具体评估时需要对问题进行细节化构建，"问题的构建有助于发现隐含的假设、判断成因、勾画可能的目标、综合冲突的观念以及设计新的政策方案"①。

二、设计战略环境评估方案

在基本把握战略环境评估的主要内容后，下一个重要环节是设计评估方案。战略环境评估方案设计是否合理，集中体现了评估者的水平、能力与经验，直接决定着评估结果的质量。一些著名的国

---

① 威廉·邓恩著，谢明等译：《公共政策分析导论》，中国人民大学出版社 2002 年版，第 15 页。

际评估机构都有自己的评估设计规范，有的还建立了评估设计系统。美国兰德公司建有自己的战略评估系统。① 美国学者尼古拉斯·亨利提出了一个用以检查评估方案设计是否恰当的清单：（1）问题的清楚陈述；（2）研究目标；（3）阐述问题时使用的前提假设和约束条件明细表；（4）可使用的资源；（5）采用的方法；（6）达到评估目标程度的测量；（7）沟通路线；（8）完成研究计划的特定程序；（9）完成评估主要内容的日程表，包括最后期限；（10）使用评估结果的特定程序。② 彼得·罗希等认为，任何评估方案都应包含四个方面内容：评估要解决的问题；解决问题的方法和程序；评估者与项目相关各方关系的性质；评估结果的发布程序。③ 总体来说，评估方案包括以下主要内容：

（一）评估的目的和意义

战略环境评估的目的一般分为两种类型：一是改进型。通过评估，找出战略环境可以有效应对之处，以便采取有效措施，推动有利于自身的环境变化。二是责任型。通过评估，让评估需要者知道要达到所希望的结果，需要执行者相互协作，并承担不同的责任。

（二）评估的具体内容和重点

战略环境评估涉及多方面内容，但实际上，并不是每次评估都需要将所有内容纳入评估范围，多数情况下只涉及其中一个或几个方面。应根据战略环境评估需要者的具体要求、评估实施的条件、评估的时限等，确定评估的主要内容和重点。④

---

① 李健等编：《料敌从宽：兰德战略评估系统的演变》，航空工业出版社2015年版。

② 尼古拉斯·亨利著，项龙译：《公共行政与公共事务》，中国人民大学出版社2002年版，第322页。

③ 彼得·罗希等著，球泽奇等译：《评估：方法与技术》，重庆出版社2007年版，第24页。

④ 牟杰等：《公共政策评估：理论与方法》，中国社会科学出版社2006年版，第156页。

（三）评估标准和指标

在确定评估的主要内容和重点后，就需要确定评估标准和指标。采用不同的标准来评估同一战略环境，往往导致不同、甚至是相反的结论，所以必须确定前后一致的评估标准。评估标准是环境构成要素的具体陈述，一般是多元的。确定评估标准需要遵循一定的原则，这在前面已经指出过。评估指标是对评估标准的分解和细化，是对评估标准的操作化处理，一般是由多项指标组成的指标体系。

（四）评估信息搜集和分析

评估结果的好坏不仅取决于评估标准的选取，也依赖信息资料的多寡和精确与否。搜集信息的方法很多，大致可以分为文献法、观察法、调查法和实验法四大类。评估战略环境，采用较多的是文献法、调查法和观察法。当然，具体使用何种方法，应依据所需要信息的规模、类型和信息源等因素来确定。

战略环境评估过程实质上是将信息转化为有用知识的过程。整理和分析资料的方法很多，大致可以分为定性分析和定量分析两大类。评估者需要根据评估目的与所获得的信息，选择适当的分析方法。

（五）评估结果的报告和交流程序

战略环境评估时间性强、涉及面广、内容复杂，为确保评估成功，在设计评估方案时应考虑三方面问题：一是评估结果的有效性，即评估需要者对评估结果的信任度；二是评估结果的可用性，即评估结果对评估需要者是否有用，是否满足了评估需要者的需求；三是评估结果的显著性，即评估结果是否比评估需要者自身观察所获得的结果更有洞察力。[1]

评估结果要具有真正的价值，必须为评估需要者接受。评估者与评估需要者之间持续的、建设性的对话和交流，可以增强评估结

---

[1]　尼古拉斯·亨利著，项龙译：《公共行政与公共事务》，中国人民大学出版社 2002 年版，第 321 页。

果被采纳的可能性，还可以产生一些意外的效果。例如评估者定期或不定期向评估需要者报告评估进度、评估的阶段性成果，可以使双方了解各自不清楚的问题（评估需要者了解评估工作进度、面临的困难，加大对评估的支持；评估者及时和准确了解评估需要者的需求、评估需要者面临的局面与困难，从而及时调整评估内容和重点，修改评估报告等）。因此，评估者需要认真设计评估结果报告与交流程序，包括交流时间、地点和方式等。

（六）评估的时限和工作进度

战略环境评估不仅要考虑质量，也要考虑效率问题。这里的效率包括两个方面：一是评估产生的价值与其消耗的成本相比；二是评估工作能否在规定时间内完成。[①] 评估者应将评估工作进度列入到评估方案中，常用的方法包括甘特图表法（Gantt Chart）、负荷图（Load Chart）和计划评审技术（PERT 网络分析法）。[②]

三、评估的组织准备

组织准备是战略环境评估顺利进行的重要保障，从组织管理学角度而言，主要工作是分配下达任务，做好人、财、物的资源配置工作。

---

① 尼古拉斯·亨利著，项龙译：《公共行政与公共事务》，中国人民大学出版社 2002 年版，第 321 页。

② 甘特图是线形图，横轴表示时间，纵轴表示活动，线条表示在整个期间上计划和实际活动完成情况。反映任务在什么时候开始，实际进展与计划的比较。管理者可以知道某项工作还剩下哪些需要做，并可评估工作进度。负荷图是一种修改了的甘特图，其纵轴不再列出活动，而是整个部门或特定的资源，通过检查负荷图中的负荷情况，可以使管理者知道哪些资源是满负荷的，哪些资源未得到充分利用。负荷图可以使管理者计划和控制整个活动。PERT 网络分析法是一种类似流程图的箭线图。它描绘出项目包含的各种活动的先后次序，标明每项活动的时间或相关成本，对于 PERT 网络，项目管理者必须考虑要做哪些工作，确定时间之间的依赖关系，辨认出潜在的可能出问题的环节，比较不同方案在进度和成本方面的效果。

（一）评估经费安排和使用

无论是谁提出需求，战略环境评估都需要大量经费和设备投入。评估经费来源是一个非常重要和现实问题。这种评估资金来源主要有以下几种渠道：一是评估需要者提供。一般说来，谁需要评估，谁提供资金。特别是战略环境评估有时涉密，评估需要者应提供几乎所有资金。二是自筹。有时战略环境评估是评估机构自身正常工作，例如伦敦战略研究所每年都要发布《世界军事力量比较》，这种情况下就需要自己想办法解决资金问题。除了争取较为充足的资金外，评估者还需要制定详细的经费使用计划，规定经费使用规则和程序。

（二）建立评估队伍并调配人员

组织准备工作的关键是建立评估队伍。建立评估队伍需要抓好三方面工作：一是确定评估队伍规模。战略环境评估内容广泛，特别是国际形势评估，涉及领域、专业较多，需要建立一定规模的评估队伍。对于一些特定领域的评估，评估规模相对较小。二是评估队伍的专业结构。战略环境评估需要多学科配合和支持，评估队伍成员的知识背景、理论素养、专业技能等的合理配置，将直接影响到评估结果的质量。一些知名的国际评估机构在进行战略环境评估时都会合理配置各种专业人才，建立知识结构合理、专业搭配恰当的队伍。美国国防部净评估办公室成员由最初 6 人发展到最多 15 人，人员搭配涵盖各个军种和文职人员。包括主任 1 名文职、副主任 2 名文职、分析员 2 名文职、外交事务专家 1 名文职、高级军事助理 1 名空军、净评估助理 4 名（分别来自陆军、海军、海军陆战队、海岸警卫队）、历史学家 1 名文职、保密员 1 名文职、执行助理 1 名文职、行政管理员 1 名军士。三是确定是否需要其他机构的智力支持。任何机构不可能储备各种人才和知识，当自己机构人员不够或缺乏相应专业人才时，就需要从别的机构借用相应的人员。美国国防部净评估办公室全职雇员最多 15 人，还有项目合同制人员，最多达到 50—60 人，大部分研究通过签署合同委托外部机构完成。

第二节　大战略评估实施

战略环境评估实施是评估的实质性阶段，核心是搜集和分析信息。战略环境评估的科学性、可靠性有赖于充分地搜集信息和正确地分析信息。

一、搜集信息

信息是战略环境评估的基础。评估需要的信息基本上可以分为两大类：一类是客观信息，比如国家的经济实力、军事实力、科技实力等，这些信息是客观存在的，是一种确定的信息；另一类是主观信息，比如国家的战略目标、战略判断、战略企图等，这类信息具有很大的主观性、不确定性、隐蔽性，要获得这类信息比较困难，即使获得，也可能存在很大的争议性。

这两类信息具有不同特点，需要评估者采用不同的方法来搜集。对于客观信息，可以采用文献分析法来获得；对于主观信息，可以采用调查法、观察法等来获得。当然，战略环境评估需要综合运用多种方法获得信息，比如属于国家机密的战略图谋或战略计划，采用调查法很难得到，需要运用文献分析法和观察法等。关于信息搜集的方法在关于社会调查原理和方法的各类文献中有详细的介绍，这里结合战略环境评估要求，择要略做介绍。①

（一）文献分析法
文献分析法是搜集客观信息的主要方法，是一种通过文字、图表、符号、音频和视频等来获取评估所需要信息的方法。文献信息的来源主要有两种：一种是内部记录资料。任何企业或国家都会经常收集、记录、储存各种各样的信息，这些信息载体形式主要有企

---

① 牟杰等：《公共政策评估：理论与方法》，中国社会科学出版社 2006 年版，第 163—171 页。

业或政府文件、政策记录、管理档案、会议案卷、研究报告等。另外一种是外部资料。与内部资料相比，外部资料种类繁多、庞杂，包括统计资料、调查成果、报纸杂志等。这些资料往往由政府、学术机构、利益集团和企业等搜集并公开宣布。

运用文献分析法来搜集信息，需要注意以下几点：一是信息要有用。所搜集的文献要与评估的对象密切相关。现代社会正处于信息爆炸时期，信息资料爆炸性增长，如果不能紧紧围绕评估对象搜集信息，过多的信息甚至是无用的信息将造成巨大浪费，还会干扰正常的评估工作。二是信息内容要广泛。战略环境评估需要丰富的信息资料，既要有过去的信息资料，也要有现实的信息资料；既要有各利益集团的不同观点的信息，又要有政府部门的不同观点的信息等。三是信息在时序上要有连续性。围绕评估对象搜集信息，信息资料在时间上不能中断，要有一定的连续性和累积性。否则，就无法有效反映环境变化的特点。

如何通过文献分析法获得有效的信息，美国学者卡尔·帕顿等提出了以下几条建议：在阅读时记录下自己的想法；通过引文获得更多的资料；随时记下要联系的作者；带着问题阅读文献；按照优先顺序快速查阅；建立信息分类体系；记录文献中的关键内容；给自己规定一个时间表。[①]

运用文献分析法获取有效信息，关键是分析文献资料的内容，这样的方法很多，比如有的学者为了考察俄罗斯政府官员对经济体制改革的态度和对现政府的态度，选择了1994年公开发表的《叶利钦日记》。通过《叶利钦日记》中提到的人名出现的频率，推断该官员对俄罗斯政策的影响程度；通过比较官员名字出现的频率与后来在俄罗斯政权中的官员排名情况来推断作为总统叶利钦的态度、价值观等。

（二）调查法

调查法是获取信息经常使用、最可靠的方法。调查法可以分为

---

① 卡尔·帕顿等著，孙兰芝等译：《政策分析和规划的初步方法》，华夏出版社2002年版，第110—111页。

普遍调查、重点调查、典型调查和抽样调查。

普遍调查也称之为普查。这是一种全面性的调查方法，是对战略环境评估对象所包含的每一个要素进行毫无遗漏的调查，以准确无误地了解总体情况。评估国际形势和国内形势一般要采用该方法。

重点调查法。这是一种非全面性的调查方法，是在调查对象总体中选取一部分重点要素进行调查，特定领域的评估一般采用这种方法。重点调查的关键是确定重点要素。确定重点要素的方法主要有定性方法和定量方法。定性方法是根据是否对总体性质、发展趋势、规模等具有重要或决定性作用的标准来确定重点要素；定量方法是根据在数量上是否占据绝对优势或相对优势来确定重点要素。

典型调查。这种方法是在对所要评估的对象有了总体初步印象后，从中选取具有代表性的要素作为典型，通过对该典型的深入调查来加深对评估对象的总体认知。评估战略对手可以采用这种方法。典型调查法的难点是如何选取典型以及选取什么样的典型。选取典型要注意这样几点：首先要科学划分类型，应依据客观标准来分类型；其次要明确每种典型的代表范围。一种典型只能代表一种类型，不能盲目扩大。典型调查也存在明显不足，特别是典型选择易受到主观意志影响，典型调查对象只是个别或少数，与评估对象总体之间总会存在一定差异，典型调查的结论是否具有普遍意义、适应范围如何等很难用科学手段准确确定。因此，在进行战略环境评估搜集信息时，很少采用这种方法。

抽样调查法。这种方法是统计学中的抽样方法在战略环境评估的运用，对于获取主观信息较为适应。该方法是按照一定的程序从与评估对象相关的信息中抽取一部分信息进行调查或观察，用样本调查的结果来推断总体。抽样调查法有不同的分类，有的学者认为包括非正常取样、典型案例取样、最大变异取样、滚雪球式取样、便利取样、否定案例取样和政治权力取样。[①] 抽样调查法的主要方法是随机抽样，该方法还可以具体分为以下几种：第一种是简单随机抽样。这是最简单的抽样方法，对总体数据不进行任何组合，仅按

① 戴维·罗伊斯等著，王军霞等译：《公共项目评估导论》，中国人民大学出版社2007年版，第82页。

照随机原则直接抽取样本。简单随机抽样常用的有两种：抽签法，即将调查对象标签，随意抽取。随机数表法，即按随机数表所列数字代号，随机抽取样本。简单随机抽样方法简单易行，只适用于总体数据比较少、且单位数据之间差距较小的调查对象。第二种是等距随机抽取。该方法先将总体数据排序，求出样本间隔，在第一个样本间隔内随机抽取一个数据作为第一个样本，如此直到抽取最后一个样本为止。等距抽样的误差小于简单随机抽样，样本对调查对象总体的代表性较高。第三种是分层抽样。该方法将总体数据按属性或特征，以一定标准分为若干层次和类型，然后在各层中抽取样本。该方法适用于总体数据量多且单位数据之间差距较大的调查对象，需要评估者对各个数据有较多的了解。第四种是整群随机抽样。该方法先将总体数据按照一定标准分为若干组，然后按照随机原则从这些组中抽出一些组作为样本，最后对这些样本进行逐个调查。在对各个数据不太了解的情况下使用该方法较为方便。第五种是多段随机抽样。先从总体数据中抽取几个大群体，然后再从这些群体中抽取若干小群，直到抽取到最基本的样本为止。该方法适用于总体范围大、单位多、情况复杂的评估对象，例如评估国际形势和国内环境就可以采用该方法。[①]

（三）观察法

评估者对正在发生的事态进行接触和感受，并对其做出系统性、实质性的解释。观察法中常用的是访谈法，即评估者亲自从评估对象那里获得信息的方法。观察法特别是访谈法适应于主观信息搜集。访谈法可以分为面对面访谈和间接访谈，还可以分为个别访谈和集体访谈。个别访谈是评估者与被调查者围绕访谈主题，一对一地询问和交谈；集体访谈是将若干被访者集中在一起交谈，常见的形式有焦点团体座谈、头脑风暴法、德尔菲法等。

观察法或访谈法虽然能直接获取大量信息，但需要对访谈内容的真实性和可靠性进行检查。卡尔·帕顿提出了自我检查的几个步

① 刘家顺等：《政策科学研究》（第二卷），人民出版社 2000 年版，第97—98 页。

骤：叙述是否有理、适当、连贯；前后叙述是否一致；叙述是否专业、简洁、详细；叙述是否依据直接经验；叙述是否完整并符合事实；叙述是否有潜在动机；叙述是否有取悦访谈者的嫌疑；是否畅所欲言；被访谈者是否具有自我批评精神。①

信息搜集的终止问题是战略环境评估的一个重大问题。信息永远没有充足的时刻，但有一个终结的时间点。当信息搜集出现重复和冗余时，或者当出现的新信息只是确认已有的发现而不是扩展它们的时候，标志信息搜集的终结点来临，应适时终止信息搜集。

二、分析信息

搜集到信息后，需要对信息的可靠性进行分析，并在此基础上用一种易于理解的形式表达出来，这就是信息分析。②

（一）信息可靠性分析

评估者获得信息有时在可靠性方面存在问题，有些信息可能是错误的或虚假的，而真正有用的信息不一定充足，评估者就需要对搜集到的信息进行鉴别和评估，以消除其中的虚假、差错、冗余，保证信息的真实、可靠、有效。一般的关于调查原理与方法的文献就如何整理信息资料都有论述，这里主要就信息资料的质量评估做一简要介绍。美国学者卡尔·帕顿等人提出了一个评估信息质量清单。③

---

① 卡尔·帕顿等著，孙兰芝等译：《政策分析和规划的初步方法》，华夏出版社 2002 年版，第 111—112 页。
② 牟杰等：《公共政策评估：理论与方法》，中国社会科学出版社 2006 年版，第 170—172 页。
③ 卡尔·卡顿等著，孙兰芝等译：《政策分析和规划的初步方法》，华夏出版社 2002 年版，第 108—109 页。

所搜集的信息是什么类型	为什么搜集信息资料
原始的/第二手	持续地监督/对危机的反应
相同的/不同的解释	满足内部需要/完成外部需要
多个指标/单个指标	
在哪里搜集资料	**什么时候搜集资料**
相同的或可比较的/不同的地点	计划之后/在危机期间
相同的/不同的地理边界	最近/过去
相似/不可比较的规划项目	
如何搜集资料	**谁搜集的资料**
系统地/随意	受过训练的/没有受过训练的人
随机抽样/不随机抽样	有经验的/没有经验的人
客观公正的第三者/承担项目的人	高水平/低水平的人
	重视程度高/低的人
	组织的/非组织的领导者
	熟练的/非熟练的调查者

这个清单主要涉及到谁、什么时间、用什么方式、为什么搜集信息，没有涉及到信息资料本身，而信息分析的关键是确定信息自身的质量。信息质量问题主要包括真实性和准确性程度。真实性问题是指信息是否真实反映了调查对象的客观情况。对于该问题，可以通过两种方法来解决：一种是经验判断方法，即评估者根据实践经验对搜集到的信息进行直接判断；另外一种是逻辑推演法，即评估者根据搜集到的信息资料的内在逻辑来推测其真实性。准确性问题是指搜集到的信息是否符合评估者的要求，以及信息资料对事实的描述是否准确。

（二）信息描述和表达

搜集到的信息资料需要解释，这就需要对信息资料进行分析和总结，以一种能够易于接受的形式进行描述和表达。描述和显示信息资料的方法很多，主要有图示法、表格法和描述统计方法等。一是图示法。图示法直观形象，图示法主要有：线形图、条形图和圆形图。二是表格法。通过有条理、有系统地排列统计资料，可以一目了然和对照比较。表格法包括简单分组表和复合分组表。三是描述统计法。用归纳性的数值对搜集到的信息和资料进行概括，包括单变量描述统计、双变量描述统计和多变量描述统计等方法。①

（三）统计推断

统计推断是一种从样本的各种量数（统计值）概括出总体的各种量数（参数值）的统计方法。② 统计推断包括假设检验和参数估计，③ 在战略环境评估中常用的是参数估计。参数估计分为点估计和区间估计两种类型。所谓点估计，就是从一个适当的样本统计值估算总体的参数值，比如从随机抽样所产生的 100 件武器的性能推断类似总体武器的性能。点估计推断存在巨大的片面性，使用较少。在战略环境评估中，使用较多的是区间估计。所谓区间估计，就是在一定标准范围内设置一个置信区间，然后联系这个区间的置信度，将样本统计值推论为总体参数值。④

第三节　大战略评估结束

战略环境评估结束阶段主要是处理评估结果、撰写评估报告以及转化评估结果。

---

① 关于单变量描述统计、双变量描述统计和多变量描述统计的论述，戴维·罗伊斯等著，王军霞等译：《公共项目评估导论》，中国人民大学出版社 2007 年版，第 309—323 页。

② 关于统计推断方法的论述，参见陈庆云主编：《公共政策分析》，北京大学出版社 2006 年版，第 402—408 页。

③ 假设检验不同于参数估计。假设检验强调先构想出要调查的总体情况，然后随机抽样，并以样本的统计值检验原来的假设是否合理。

④ 袁方主编：《社会调查原理与方法》，高等教育出版社 1990 年版，第 344—345 页。

一、撰写战略环境评估报告

战略环境评估报告是整个评估活动的结晶，也是评估成果的集中体现。评估报告虽然没有定式，但任何一份规范的评估报告都应当包含一些共同的内容①，下面结合世界著名智库瑞典斯德哥尔摩每年出版的 SIPRI 年鉴来分析合格、标准的评估报告的构成。

（一）导论

导论是评估报告的开头部分，主要说明为什么进行评估。涉及内容主要有：一是阐述所要评估的问题是什么；二是评估该问题的重要意义。2006 年的 SIPRI 年鉴主体包括三部分共十六章。每一章基本上由导言、资料研究、结论和附录构成。导言部分主要阐述了该章要评估的问题及重要意义，例如第六章《武器寿命周期透明》在导言中开宗明义指出"本章旨在评估全球范围内从开发到销毁的武器寿命周期透明度"，并提出了四个具体问题："定量信息是否公开？定性特征有哪些？透明度近年来是否已有明显变化？这些变化可在多大程度上归结于政策及公众要求？"②

（二）资料研究

资料研究主要是对已有的研究和评估进行简要的概括和评述，阐明自己评估的特色，说明自己的评估是否超越已有的评估。如果这项评估此前有人做过，在资料研究时就应该说明，并指出之前研究的不足，重申自己评估的重要性。2006 年 SIPRI 年鉴第六章《武器寿命周期透明》分析了以前学术界强调的信息公开存在的问题，指出信息公开不足以实现武器寿命周期的透明，只有具有可获取性、可靠性、全面性、可比性和细分性的信息公开，才能更好地显示透

① 戴维·罗伊斯等著，王军霞等译：《公共项目评估导论》，中国人民大学出版社 2007 年版，第 333—343 页。

② 斯德哥尔摩国际和平研究所著，中国军控与裁军协会译：《SIPRI 年鉴2006》，时事出版社 2007 年版。

明度。

　　撰写资料研究时应注意以下几点：一是是否获得了本领域内主要研究成果或经典发现；二是是否在某些早期研究的资料上花费了太多时间，而这些资料对于即将进行的评估没有太多意义；三是是否对资料有所偏爱，是否遗漏了不太喜欢的观点；四是能否让评估需要者跟上你的思路并对早期的研究有所了解，是否向评估需要者说明了你的评估同以前研究的相同点和不同点。

（三）评估结果

　　评估结果是对评估整个过程的介绍，是评估报告极其重要的部分。评估需要者应该从该部分获得足够的信息，从而能够复制或重复这一评估过程。该部分主要涉及以下内容：一是对评估对象和要解决问题进行较为详细的介绍；二是介绍数据信息搜集程序以及采用的方法；三是介绍信息数据分析的方法。2006 年 SIPRI 年鉴第六章《武器寿命周期透明》主要指出了三种信息来源：政府和企业、国际组织、民间社会团体。

（四）结论和建议

　　结论和建议是在完成信息搜集和分析后得出的内容，是对前面提出问题的回答。需要注意的是，评估结论最好包括与其他评估或研究进行比较的内容，只有通过与其他的类似评估结论进行对比，才能证明该评估报告的结论和建议的合理性。2006 年 SIPRI 年鉴第六章《武器寿命周期透明》结论部分回答了导言部分提出的四个问题。

（五）附录

　　在较长的评估报告中通常需要附录，内容包括更加详细的图标和统计分析、资料搜集工具、分类编码的工具和形式、实地调查程序、支持文件证明和其他对于一个全面的评估报告不可缺少的信息。2006 年 SIPRI 年鉴第六章《武器寿命周期透明》没有列附录，但其他许多章节都列有。

　　在撰写评估报告时，需要注意以下问题：一是观点和结论应该有信息和数据支撑，SIPRI 年鉴特别注重用数字说话；二是重视文献和资料的分析整理，努力使自己的评估建立在已有研究基础之上；三是说明关于评估报告中某个问题的各种不同观点；四是承认由于客观和主观原因，可能导致评估报告存在不足和缺陷；五是对评估结论进行敏感性分析，即信息资料、评估前提或假设、方法等发生变化时，结论有多大的可靠性。

二、评估报告交流与采纳

战略环境评估报告完成并不意味着整个评估过程结束，还涉及到评估报告被采纳的问题。评估报告和结果被采纳或使用的方式主要有三种：一是直接利用，即评估报告和结果为评估需要者直接用于决策；二是概念性利用，虽然评估报告和评估结论没有被直接采纳，但对人们的思考产生了影响；三是劝导性利用，即评估报告和评估结果被用来支持或反驳某种立场和观点。战略环境评估追求的是直接利用。

影响评估报告和结果被采纳的因素很多，彼得·罗希等认为主要有相关性、研究者与用户间的交流、用户对信息的处理、研究结果的真实性、用户的参与或支持等。[①] 威廉·邓恩则认为影响因素有这样一些：信息本身的特征；质询的方式；问题的结构；政治和官僚体制；包括评估者在内的利益相关者之间的作用。[②] 其实，上述五个方面的因素可以归结为两个方面：一是评估需要者的偏好。由于评估者的偏好不一定是评估需要者所喜好的，两者之间可能存在差距，评估报告和结论被采纳会受到影响。例如，评估者喜欢定性方法，而评估需要者偏好定量方法；评估者喜欢整体性信息，而评估需要者偏好个案等。这些都提醒评估者，既要保持评估结果的客观性，还要善于捕捉评估需要者的偏好，将

① 彼得·罗希等著，球泽奇等译：《评估：方法与技术》，重庆出版社 2007 年版，第 287 页。

② 威廉·邓恩著，谢明等译：《公共政策分析导论》，中国人民大学出版社 2002 年版，第 448—450 页。

两者有机结合。二是组织体制固有的特质。任何机构都有自己的独特文化，这种文化有自己观察世界、解释问题的独特视角，可以有效地抵御来自官方系统外不同理念的影响。评估者要将自己的评估结论为特定组织体系采纳，不仅要尝试运用该组织体系熟悉的方法和视角进行评估实践，还需要使用某些策略来克服该组织体制对评估结果的抵制。

提高评估报告被采纳率，重点要做好以下几项工作：一是及时了解评估需要者的决策风格，要保持与评估需要者之间的沟通，并将这种沟通贯穿于整个评估过程。二是满足评估需要者的需求是评估报告被采纳的关键，要尽量使报告能够有效回答评估需要者关注的问题①。两者之间的价值和观点的分歧和差别在评估开始时就应该阐明，并作为是否接受评估工作的决定因素。三是提交报告的方式要独特和引人关注，比如举办评估报告发布会。斯德哥尔摩每年的 SIPRI 年鉴出版后，都要在世界许多地方举办新闻发布会，以引起世界主要国家的注意。推广和促使战略环境评估报告和结果被采纳的途径很多，评估者需要掌握一定的沟通、传播和交流艺术。

2013 年瑞典斯德哥尔摩国际和平研究所报告发布会

3 月 18 日	发布《2012 年国际常规武器交易趋势》报告
4 月 19 日	在斯德哥尔摩召开"胡锦涛时代的中国外交和安全政策"研讨会
5 月 20 日	在北京举办《SIPRI 年鉴 2012：军备、裁军和国际安全》中文版发布会
10 月 10 日	发布《中国的小型武器和轻武器出口》报告，引起中国政府关注和回应
12 月 16 日	发布《中国的朝鲜政策：经济参与和核裁军》报告

四是影响渠道要合适。美国前助理国务卿罗杰·希尔斯曼（Roger Hilsman）等认为，影响美国决策的力量分为权力的内层、中层和外层。权力内层是最直接的政策制定者，包括政府官员、议员

---

① 在评估理论中，如何满足评估需要者的需求属于所谓的"案主满意研究"问题。戴维·罗伊斯等著，王军霞等译：《公共项目评估导论》，中国人民大学出版社 2007 年版，第 8 章。

等；中层主要是利益集团、主流媒体、学术界等；外层主要是选民和大众舆论。① 世界著名智库影响决策和推广成果的方式比较多，但基本上都是从上面三个层次进行。对权力内层的影响主要通过密切与政府、军方、议会关系；对中层的影响主要发行出版物、举办研讨会等，说服社会精英赞同并支持自己的政策主张；对外层的影响主要是利用网络、传统媒体和新媒体等，让普通民众了解并支持自己的观点，形成强大的社会舆论，对决策造成巨大影响。②

---

① 罗杰·希尔斯曼等著，曹大鹏译：《防务与外交决策中的政治》，商务印书馆 2000 年版。

② 宋静："双理论视角下的美国思想库权力分层营销模式分析"，载《天津行政学院学报》2013 年第 4 期。

第七章
大战略评估的影响因素

战略环境评估的影响因素可以分为两大类：一类是直接影响因素，主要有利益需求、身份定位、安全观等。这些因素一旦出现变化，会立即引起评估过程和评估结果的变化。另一类是根本影响因素，主要有实力、制度、价值观等。这些因素通过作用于直接影响因素而影响战略环境评估。如果这类因素出现变化，对战略环境评估的影响不会立即显现，但最终将导致战略环境评估过程和评估结果出现根本性的变化。

第一节　大战略评估的直接影响因素

评估需要者和评估者是战略环境评估的主要参与者。除此之外，其他的比如利益集团、社会舆论等对战略环境评估也发挥了一定的影响和作用。直接影响战略环境评估的因素主要有利益需求、身份定位、安全观念等，评估参与者在评估过程中不同程度地体现了这些因素，因而对战略环境评估产生影响。

一、战略环境评估的需要者

评估需要者是战略环境评估的重要参与者，其评估利益需求是影响战略环境评估的关键性因素。我们前面指出过，不同评估需要者要评估的对象不同，评估存在差异。同一需要者的评估需求发生变化，也将引起评估过程和结果出现变化。冷战期间美国对战略环境评估需求就发生过几次本质性的变化。冷战初期，美国垄断原子弹，当时美国政府的战略环境评估需求关注的是苏联原子弹发展进程，委托一些政府部门和智库对苏联研制原子弹的情况进行跟踪评估。1946 年 10 月中央情报局提出评估报告，认为苏联要到 1950 年至 1953 年间才能研制出第一颗原子弹。1947 年 12 月美国原子能委员会和中央情报局分析人员评估认为苏联最早于 1950 年制造出第一颗原子弹，但 1953 年的可能性最大。① 事实证明，这种评估结果是错误的，1949 年苏联爆炸了原子弹。苏联制造出原子弹后，美国政府的评估需求发生变化，从关注苏联什么时间研制出原子弹，转向了苏联拥有原子弹后对美国国家安全可能造成的影响。美国国内智库纷纷对此进行评估，美国总统杜鲁门指示国务院和国防部对美国的防务和外交战略进行评估，1950 年美国国家安全委员会提出的 68 号文件就是这种评估的结果。

企业或国家的需求不是恒定的。导致评估需求变化的原因主要有两个方面：

（一）评估需要者的身份定位

需求是利益，而身份定位影响利益需求，"利益是以身份为先决条件的，因为行为体在知道自己是谁之前是不可能知道自己需要什么的"②。评估需要者首先要知道自己是谁（身份），才能知道自己需要什么（利益）。通常，企业或国家有四种身份：团体身份、类属身份、角色身份和集体身份。团体身份和类属身份是评估需要者自身固有的属性，角色身份和集体身份是在与他者的关系中产生的。③ 也就是说，评估需要者有两种身份：一种是属性身份。这种身份是自我与他者区别开来的特性，比如社会主义国家与资本主义国家之

① Charles Ziegler, "Intelligence Assessments of Soviet Atomic Capability, 1945 – 1949" in *Intelligence and National Security*, Vol. 12, No. 4, October 1997, p. 13.

② 亚历山大·温特著，秦亚青译：《国际政治的社会理论》，上海人民出版社 2000 年版，第 290 页。

③ 亚历山大·温特著，秦亚青译：《国际政治的社会理论》，上海人民出版社 2000 年版，第 180—190 页。

间的性质区别就是一种自我身份。另一种是评估需要者与他者之间的关系身份。企业或国家具有社会性，身份具有主体间性。当自身身份得到他者认同时，关系身份才能形成。

上述两个层次的身份定位出现变化，都会引起利益需求的变化。中国从20世纪50年代到现在，国家身份发生了多次变化，每次变化都导致利益需求的变化。从自我身份变化看，经历了新生社会主义、革命性社会主义、中国特色社会主义身份变化；从关系身份看，从革命性国家、游离性国家，到现状性国家的变化。这些身份定位的变化，都引起中国的安全需求变化。

从自我身份变化看，从建国初期到20世纪60年代是新生社会主义国家时期。中国的安全需求是维护作为社会主义制度的新生政权的安全，应对西方帝国主义国家的威胁，比如共同纲领规定："中华人民共和国外交政策的原则，为保障本国独立、自由和领土主权的完整，拥护国际的持久和平和各国人民间的友好合作，反对帝国主义的侵略政策和战争政策。"从20世纪60年代到改革开放是革命性社会主义国家时期，这一时期由于中苏在如何建设社会主义的问题上产生分歧，中国认为在国际共产主义运动中修正主义泛滥，只有中国坚持和捍卫了马克思主义，是世界社会主义的"中流砥柱"。毛泽东曾经指出："我们应当继续高举马克思列宁主义的革命旗帜，坚决而彻底地反对当前国际共产主义中主要危险的现代修正主义，为保卫马克思列宁主义的纯洁性而斗争。"[1] 中国既继续面临制度截然不同的美国等西方国家的威胁，又面临了制度相同的苏联的威胁。中国安全需求既要"反帝"，又要"反修"。从改革开放至今，中国国家身份变成中国特色社会主义。中国特色社会主义就是发展生产力，中国强调不以意识形态划线，根据国家利益来确定自己的对外行动[2]，中国安全需求从维护制度安全为主转向维护自身国家利益为主。

---

① 毛泽东：《建国以来毛泽东文稿》（第10册），中央文献出版社1996年版，第19页。

② 邓小平：《邓小平文选》（第3卷），人民出版社1993年版，第328—329页。

从关系身份看，第一阶段 1949 年到 1971 年中国是革命性国家。革命性国家是希望改变国际社会现状的国家，[①] 与整个国际社会处于对抗状态。20 世纪 50 年代中国加入社会主义阵营，与整个西方国际社会处于敌对状态，但与苏联东欧社会主义阵营处于友好状态。美国拒绝承认中华人民共和国，发动朝鲜战争，在中国周围建立军事包围圈，中国认为"公开敌视中华人民共和国的国家疯狂扩军备战并且加紧威胁我国的安全"[②]。60 年代中苏分裂后，中国从社会主义阵营退出，与社会主义阵营也处于敌对状态，无论对于西方阵营还是东方阵营，中国都是一种革命者身份。这一时期，中国的安全需求是顶住整个国际社会的压力。第二阶段1971 年到 1979 年中国是游离性国家。游离性身份是指根据自己好恶选择行为，与国际社会有矛盾但不完全对抗。20 世纪 70 年代初，中国缓和了与美国的关系，恢复了在联合国的合法席位，标志着中国政府得到国际社会普遍承认，开始参与西方国际体系，但对这个体系提出了许多改革建议；对于苏联社会主义阵营，中国继续拒绝参与。这一时期，中国是国际社会的游离者，中国的安全需求是应对苏联的威胁，缓和与西方的关系。第三阶段是1979 年至今，是中国逐步融入国际社会的时期，逐渐转变为国际社会的现状维护者。在这一时期，中国逐渐与所有大国实现了正常化，特别是随着苏联解体，西方国际体系扩展到全世界，中国逐渐融入这个体系特别是经济体系，成为国际社会的现状维护者。中国面临的安全需求从求生存，转变为生存问题基本解决后应对更为复杂的安全问题。

（二）评估需要者的安全观

利益之所以能够发挥作用，关键的是造就利益的观念起了作用。

---

① 秦亚青："国家身份、战略文化和安全利益"，载《世界经济与政治》2003 年第 1 期。

② 周恩来："政府工作报告"，载《中华人民共和国第一届全国人民代表大会第一次会议文件》，人民出版社 1955 年版，第 76 页。

利益是以观念为先决条件的。① 观念是路线图，影响战略互动。② 观念的变化将引起需求的变化，而直接导致安全需求变化的观念是安全观。

安全观是一个国家对自己所处安全环境的认识，它是指导一国具体安全政策的理论和思想。安全观通常包括三个方面的内容：一是国家安全面临的威胁来源；二是构成国家安全的基本条件；三是维护国家持久安全的方法。③ 安全观可以分为三种类型：第一种是现实主义的安全观。该观念强调国际社会处于无政府状态，国家之间的关系是零和博弈，国家必须通过自助来维护自身的安全，军事力量是维护国家安全的主要手段。迈克尔·曼德尔鲍姆认为，每一个独立国家都必须维护自己免遭可能的外来进攻，这就是国家的命运，因为没有一个至高无上的国际权威可以像政府在国内保护个人那样来保护所有的国家。国际体系实行彻底的无政府原则，那里除了混乱以外，没有任何正式的政府机构。正是这种无政府机构产生了不安全。不安全是每个国家的命运。④ 第二种是自由主义安全观。该观念虽然也认为国际社会是无政府社会，但认为这种无政府不是你死我活的零和博弈，而是在生存有保障基础上的竞争关系，军事力量不是维护国家安全的唯一手段，对抗不是维护国家安全的主要途径，通过合作、遵循国际规则也照样能够维护自身安全。"军事实力依旧是自助体系中最终的权力形式，对现代大国而言，诉诸武力要比前几个世纪代价要高得多。其他工具——交流、建立组织或制度、调控相互依赖等变得越来越重要。"⑤ 第三种是建构主义安全观。该观

---

① 亚历山大·温特著，秦亚青译：《国际政治的社会理论》，上海人民出版社 2000 年版，第 167 页。

② 朱迪斯·戈尔茨坦等编著，刘东国等译：《观念与外交政策》，北京大学出版社 2005 年版，第 13 页。

③ 阎学通："中国的新安全观与安全合作构想"，载《现代国际关系》1997 年第 11 期，第 28 页。

④ 迈克尔·曼德尔鲍姆著，军事科学院外军部译：《国家的命运》，军事科学出版社 1990 年版，第 1 页。

⑤ 约瑟夫·奈著，门洪华译：《硬实力与软实力》，北京大学出版社 2005 年版，第 101 页。

念认为国家之间的关系可以通过相互之间的观念互动来改变，国家之间的不安全或威胁是由于观念差异造成的，必须通过观念互动，形成共有知识，对利益进行重新界定，以此消除威胁。"国家环境的文化或者制度因素塑造了国家安全利益或者直接塑造了国家安全政策"。①

改革开放以来，中国的安全观经历了两次调整。第一次调整是1982年中国共产党第十二次全国代表大会为起点的变化。这次变化主要是对以前的现实主义安全观进行部分调整，主要体现在以下几点：首先是对世界和国家威胁的判断，从世界大战可以推迟，演变为世界大战可以避免。强调世界不稳定的根源是霸权主义②。其次是实现世界和平及维护国家安全的条件是世界和平力量的增长，综合国力增强是维护国家安全的主要途径。邓小平指出："不搞现代化，科学技术水平不提高，社会生产力不发达，国家实力得不到加强，我们国家的安全就没有可靠的保障。"③ 随着这次安全观的变化，中国的安全需求发生了变化，从维护生存安全转到了维护发展安全。总体来看，这次调整形成的安全观带有自由主义成分，但基本上还是现实主义安全观。第二次调整是21世纪初提出的新安全观。1999年中国首次阐述了新安全观，核心是互信、互利、平等、协作。与之前安全观相比，新安全观有巨大的变化，主要体现在以下几点：首先，安全威胁从国家行为体扩展到非国家行为体。新安全观认为威胁具有综合性，既有霸权主义和强权政治，也有恐怖主义和自然灾害等，不仅涉及军事安全、政治安全，还涉及环境安全、文化安全等。其次，国家安全的基础是国家之间的共同利益、相互信任和经济发展，而不主要是实力优势、军事同盟和一致的政治制度。④ 再次，实现国家安全的途径主要是合作。强调以合作求安全，以对话

---

① 彼得·卡赞斯坦主编，宋伟等译：《国家安全的文化》，北京大学出版社2009年版，第60页。

② 邓小平：《邓小平文选》（第3卷），人民出版社1993年版，第233页。

③ 邓小平：《邓小平文选》（第2卷），人民出版社1994年版，第86页。

④ 李小华：《中国安全观分析（1982—2007）》，上海人民出版社2008年版，第147页。

求安全，以发展求安全。主张通过和平谈判、平等协商来解决国际和地区争端。在新安全观的指导下，中国安全需求除了继续关注传统的政治军事安全外，开始关注经济安全、环境安全、文化安全等越来越多的安全问题。

二、战略环境评估者

评估者是战略环境评估的主要承担者和实行者，他所采用的评估方法、选取的数据等直接影响评估过程和评估效果，而采用何种评估方法、选取哪些数据，主要取决于以下几个方面的因素：

（一）评估者的角度问题

企业或国家站在不同的角度，对问题的看法就不一样，关注的重点就存在差异。比如关于中美之间战略互疑问题，中国和美国的观点就不一样。至于中国的政治体制如何运转，由于缺乏了解，美国人容易认为中国的决策是战略性的、经过协调的，而且是统一指挥的。[①] 因中美之间对战略互疑的解析不一致，中国是站在维护国家政权安全的角度来看美国对外行动的，而美国是站在维护其霸权地位的角度来评估中国的行动的。

同样，同一企业或国家内部的不同部门从不同角度出发，评估也不完全一致。任何组织都由许多部门组成，各个部门由于角度和利益等原因，试图对整个组织的评估施加影响。比如美国军方为了维护其传统上对军事战略的咨询、决策、实施和评估的影响力，常常坚持从"军事战略角度"对环境进行评估，突出环境评估中的军事属性；而国务院、中央情报局、国家情报委员会的文官们，则更注重考虑环境的意识形态或者政治经济属性。[②] 所以，一个组织对环境的评估，最终可能是其内部各个部门相互协调博弈的结果。

---

① 王缉思、李侃如：《中美战略互疑：解析与应对》，社会科学文献出版社 2013 年版。

② 张曙光等：《实力与威胁：美国国防战略界评估中国》，中国财政经济出版社 2004 年版，第 7 页。

（二）评估者的安全观问题

安全观不同，对形势的判断不一样，采取的方法和采集的数据也不一样。安全观既影响评估需要者的利益需求，又影响评估者的评估活动。当然，安全观对评估者的影响与对评估需要者的影响不同。对评估者的影响主要体现在以下几个方面：一是不同的安全观认为影响战略形势的因素不一样。现实主义安全观认为军事力量是影响战略态势的主要因素，"在国际政治中，一国的有效权力是指它的军事力量所能发挥的最大作用，以及与对手的军事实力对比的情况"，"一国的实力越是强于对手，对手攻击和威胁其生存的可能性越小。较弱的国家不太可能挑起与较强国家的争端，因为前者可能遭受军事失败，任何国家的实力差距越大，较弱一方进攻较强一方的可能性就越小"。[①] 在现实主义看来，军事实力差距是导致威胁的根源。自由主义安全观认为国家之间的联系是影响战略态势的重要因素，还认为国家内部的制度差异也是导致战争和冲突的重要原因，"民主和平论"就持类似的观点，"具有类似文化和体制的国家会看到它们之间的共同利益。民主国家同其他民主国家有共同性，因此不会彼此发动战争"[②]。建构主义安全观认为文化和观念变化是影响战略环境的主要因素，强调苏联解体和冷战结束的原因是苏联"改革与新思维"中的革命要素，"苏联新思维是对国家利益进行深刻的重新定义的产物，这些要素又导致了冷战的终结"[③]。所以，在建构主义看来，苏联出现的"改革与新思维"的观念是冷战结束的主要因素。二是不同的安全观关注的重点领域不一样。现实主义安全观关注传统的军事领域，现实主义理论代表人物之一斯蒂芬·沃尔特认为："安全研究可以被归结为对威胁、使用和控制军事力量的研

---

① 约翰·米尔斯海默著，王义桅等译：《大国政治的悲剧》，上海人民出版社 2008 年版，第 36 页。

② 塞缪尔·亨廷顿著，周琪等译：《文明的冲突与世界秩序的重建》，新华出版社 1998 年版，第 15 页。

③ 彼得·卡赞斯坦主编，宋伟等译：《国际安全的文化》，北京大学出版社 2009 年版，第 294 页。

究，其探求可能使用武力的条件，武力的使用对个人、国家和社会的影响方式，以及国家为备战、预防和参展而采取的特殊策略"①。自由主义安全观关注的领域较为广泛，强调军事力量起着次要作用，军事安全并非始终是国家间的首要问题，在全球化和信息时代，经济、能源、生态等问题对国家安全造成的影响不亚于军事问题。② 建构主义安全观主要关注观念领域，"敌对和友好的国际模式具有重要的文化尺度。从物质力量的角度来看，与美国相比，加拿大和古巴的相对地位差不太多。但是他们中的一个是美国的威胁，另一个则是美国的盟友。因此，我们相信，这是观念因素作用于国际层面的结果。"③ 与之相对应，现实主义者在评估安全环境时，关注更多的是军事力量的比较，包括军费开支、军队数量、武器装备数量、人员素质等，比如伦敦战略研究所每年的《世界军事力量比较》和瑞典斯德哥尔摩国际和平研究所的年鉴就属于现实主义安全观指导下的环境评估报告。自由主义者在评估安全环境时，除了选取一定军事力量指标外，更多的是选取经济、社会、人文、环境等指标。普林斯顿大学 2006 年发布的《21 世纪美国国家安全战略——铸造法治下的自由世界》报告，就是以自由主义安全观为指导的。该报告强调冷战结束后，世界格局正在发生深刻变化，美国面临的威胁不仅有传统的安全问题，更多的是非传统的诸如中东不稳定、伊斯兰激进主义、全球恐怖主义网络、核武器扩散、传染病的蔓延和全球变暖等。④ 美国要维护世界和平，需要推进市场开放、民主化，加强大国合作，建立集体安全。

---

① Cf., Stephen Walt, "The Renaissance of Security Studies", in *International Studies Quarterly*, Vol. 35, No. 1001, pp. 211 – 239.

② 约瑟夫·奈著，郑志国等译：《美国霸权的困惑》，世界知识出版社 2002 年版，第 60—61 页。

③ 约翰·卡赞斯坦主编，宋伟等译：《国家安全的文化》，北京大学出版社 2009 年版，第 35 页。

④ 建构主义虽然有自身独特的安全观，但到目前为止很少有智库完全以建构主义安全观为指导来评估安全形势，发布建构主义的评估报告。

三、利益集团、社会舆论等

评估需要者和评估者是战略环境评估的决定性因素。除此之外，其他的比如利益集团和社会舆论对安全环境评估的影响也不容小觑。

（一）利益集团

所谓利益集团，是指在社会中提出特定要求，具有共同态度的集团。[①] 从最广泛含义上说，任何一群为了争取或维护某种共同利益或目标而在一起行动的人或组织，都可以称之为利益集团。[②] 利益集团影响政府决策的方式多种多样，在战略环境评估方面，利益集团主要通过以下几种方式来影响评估需要者和评估者：

一是游说。游说是指利益集团人员与政府官员直接联系，促使政府官员接受政治集团的观点和建议，这是利益集团常用的手段。在环境评估中，"利益集团是最重要的参与者之一，因为他们常常很注意保护眼前的利益和特权"。[③] 例如，美国卡西迪公司（Cassidy & Association）1994 年与台湾当局签订为期 3 年、总额 450 万美元的合同后，就在美国政坛游说，试图影响美国对台海局势的评估，特别是 1995 年发生的是否邀请李登辉访美一事上，该公司通过游说赢得了克林顿总统国内政治顾问的支持，在一定程度上抵消了国务院的反对。美国著名的利益集团是军工复合体，该利益集团影响国防政策制定的方式之一是派员加入美国国防部各部门。

---

① B. D. 杜鲁门著，陈尧译：《政治过程——政治利益与公共舆论》，天津人民出版社 2005 年版，第 41 页。

② 关于利益集团影响安全环境评估或大战略评估的分析，参见凯文·纳里泽尼著，白云真等译：《大战略的政治经济学》，上海人民出版社 2014 年版。

③ 约翰·W. 金登著，丁煌等译：《议程、备选方案与公共政策》，中国人民大学出版社 2004 年版，第 82 页。

美国国防部 1970—1979 年人员情况

公司	美国空军	美国陆军	美国海军	国防部办公室
波音	271	50	37	25
通用	111	23	85	10
格鲁曼	26	4	47	7
洛克希德	175	30	71	9
麦道	127	21	33	8
诺斯罗普	224	22	68	14
罗克韦尔	117	19	59	15
联合技术	38	15	8	7

　　上表列举的是美国最著名的八大军工企业。可以看出，波音公司拥有的代表最多。军工复合体通过这种方式可以影响美国国防部武器装备研制和生产计划。另外许多利益集团派人入阁，直接影响评估需要者。

小布什政府中军工企业入阁名单

姓名	小布什政府时职位	曾任职
拉姆斯菲尔德	国防部长	洛马公司智囊团兰德公司董事长
林恩·切尼	副总统切尼夫人	洛马公司高层人物
奥尼尔	财政部长	兰德公司董事长
詹姆斯·罗奇	美国空军部长	诺斯罗普·格鲁曼公司副总裁
艾伯特·史密斯	美国空军部副部长	洛马公司副总裁
戈登·英格兰	美国海军部部长	通用电力公司副总裁
肯特·克雷萨	国家工程院成员	诺斯罗普·格鲁曼公司董事长
赫伯特·安德森	总统国家安全通讯顾问委员会	诺斯罗普·格鲁曼公司副董事长
乔治·朱尔文	欧洲盟军司令	通用电力公司董事会成员
保罗·卡明斯基	国防部副部长（主管采购和技术）	通用电力公司董事会成员
卡尔·穆迪	美国海军陆战队司令	通用电力公司董事会成员

二是影响智库。智库是以政策研究为核心，以直接或间接服务于政府为目的、非赢利的独立研究机构。智库的研究虽然看起来是中立、客观的，但实际上任何智库不可能完全独立。例如智库发达的美国，许多智库名义上都强调独立，布鲁金斯学会将"质量、独立、影响力"作为核心价值，兰德公司的核心价值是"质量和客观性"，强调其对政府决策的价值在于拥有独立的见解。但自 20 世纪 90 年代以来，智库就与利益集团开始结成一种互利关系，利益集团为了游说政府制定有利于自己的政策，对所要游说的问题进行深入研究，求助于智库。智库为了生存，从企业那里获得资金支持，就慢慢地失去了以往的"中立原则"。利益集团影响智库主要有两种方式：一种方式是通过自己的智库发表报告，以此影响战略环境评估需要者。比如美国一些军工企业联合建立的新世纪计划研究中心不定期发表文章、评估报告，对美国政府决策产生一定影响。2000 年该中心在美国总统大选时机，发表了《重塑美国的国防：新世纪战略、力量与资源》的报告，指出朝鲜、伊朗、伊拉克是问题比较突出的国家，需要特殊关注。该报告为小布什制定新的军事战略提供了理论依据。另一种方式是资助智库，借以影响智库的报告。奥巴马"重返亚洲"政策的始作俑者是新美国安全中心，被《华盛顿邮报》称为白宫在军事问题上的主要咨询机构，其赞助主要来自军工企业。

美国军工复合体资助的主要智库

智库名称	资助的利益集团
美国企业研究所	美国通用电力、通用汽车
安全政策中心	洛马、波音、通用电力、诺斯罗普·格鲁曼
哈德森研究所	通用电气、通用汽车、福特汽车

美国强大的亲以色列利益集团多年来不断资助企业研究所、布鲁金斯学会、安全政策中心、外交政策研究所、传统基金会、外交政策分析研究所、犹太国家安全研究所等，这些智库出台的关于中东地区形势的报告，基本上都有利于以色列。以布鲁金斯学会为例，

该研究机构原来的主人是威廉·昆特（Willian B. Quandt），其主持的布鲁金斯学会在阿以冲突中持中立态度。2002 年 5 月倡导犹太复国主义的美籍以色列富商海姆·萨本出资建立了布鲁金斯学会萨本中东政策中心，布鲁金斯学会在中东问题上开始由中立转向亲以。

三是操控舆论。利益集团经常通过出版刊物、刊登广告、发布新闻、召开会议等方式，制造强大的舆论压力，以影响战略环境评估。许多利益集团还建有自己的媒体，影响舆论。美国大的军工复合体都有自己的媒体，格鲁曼公司建立的伟达公共关系顾问公司（Hill & Knowlton）是世界上拥有最大的国际办事处网络的公关公司，洛克希德的麦肯世界集团（McCann Erickson Worldwide）是全球最大的传播集团，麦道的智威汤逊广告公司（J. Walter Thompson）是世界上顶尖的广告公司之一，联合技术的博雅公共关系公司（Burson - Marsteller）是全球领先的公关关系和事务公司。这些大公司通过自己的媒体，不断宣扬自身在某些问题上的观点和看法，影响社会舆论。

（二）社会舆论

社会舆论是指社会大众或者某些强势阶级、利益集团、精英人物等对某一问题的看法、判断、意见等的总和。社会舆论主要通过两种方式影响战略环境评估：

一是大众媒体。大众媒体是所有用以向公众传递各种信息的物质载体，包括报纸、杂志、广播、电视和互联网等。大众媒体对战略环境评估的影响主要体现在三个方面：第一个方面大众媒体是评估所需要的信息和资料的主要提供者。大众媒体的主要功能就是传播信息，由于时空条件的限制，大多数公众无法直接接触到外部世界，只能依靠媒体提供的信息来了解全球情况、认识世界大事和判断国际形势，评估需要者和评估者也是如此。在美国，从尼克松时代开始，白宫新闻办公室的工作人员每天早晨就把报刊上重要文章剪辑成册，呈送主要官员参阅。"绝大多数政府官员们一天的工作通常这样开始：或者浏览《华盛顿邮报》、或者浏览《纽约时报》……对于华盛顿大多数政府官员们来讲，每天早上出现的新闻和评论专栏的内容便是他们一天所要谈论的问题。"① 第二个方面大众媒体对某些事态提供初步分析，有可能引导战略环境评估。例如，"9·11"事件后，美国各大主要新闻媒体第一时间就进行了跟踪报道，分析了事件发生的国内外背景，以及国际社会对此事件的反应，并作了初步的评估和预测，为评估者和民众提供了先入为主的信息。第三个方面大众媒体塑造战略环境评估的前提。大众媒体在报道国际问题时，往往设置了讨论的前提，即把国际问题放在什么样的框架下进行讨论，或让要报道的问题在什么样的背景下展现出来。同样的国际问题，如果设置不同的报道前提或框架，可能对社会造成不同的影响。例如 1979 年到 1989 年，美国公众对中国的印象总体来说较为正面，但在随后较长时间里，美国媒体一致对中国进行恶意歪曲、"妖魔化中国"的报道，最终使美国民众对中国看法发生了扭转。② 直到今天，美国许多智库和决策者在评估中国时，仍受到这一框架的影响。

二是公众舆论。公众舆论是指民众对国家政治、政府政策、公共问题公开表示的普遍意见和态度。公众舆论对战略环境评估的影响主要体现在两个方面：第一个方面是公众舆论引导战略环境评估。公众舆论是一种民意，这种民意决定了评估的导向。评估的出发点和结果不能脱离公众舆论，特别是不能违背公众舆论。从 1949 年到 1972 年，中国经历了 22 年才加入联合国，美国是主要阻碍因素。美国反对中国加入联合国，除了冷战背景外，还受到国内公众舆论的影响。③

---

① 托马斯·戴伊著，鞠方安等译：《自上而下的政策制定》，中国人民大学出版社 2002 年版，第 134 页。

② 李希光等：《妖魔化中国》，中国社会科学出版社 1996 年版。

③ 孙梅：《公众舆论对尼克松政府对外政策的影响》，曲阜师范大学硕士论文 2012 年，第 11 页。

日期	应该%	不应该%	无意见%	日期	应该%	不应该%	无意见%
1950 年 6 月 4 日	12.75	60.06	25.42	1961 年 3 月 10 日	18.63	64.53	16.26
1953 年 11 月 25 日	12	74	14	1961 年 9 月 19 日	17.33	64.83	17.85
1954 年 6 月 30 日	6.75	78.49	14.76	1962 年 10 月	15	76	9
1955 年 5 月 12 日	9.77	66.89	22.47	1964 年 11 月 6 日	21.37	58.86	19.18
1955 年 8 月 23 日	17.21	71.18	11.61	1965 年 2 月 19 日	22.11	63.42	14.47
1956 年 7 月 10 日	11.17	74.26	14.57	1965 年 12 月 11 日	21.46	65.92	12.62
1956 年 12 月 14 日	15.29	68.89	15.23	1966 年 3 月 22 日	25.16	55.17	19.67
1957 年 2 月 5 日	13.27	68.54	16.79	1969 年 1 月 23 日	33.05	53.70	13.25
1958 年 1 月 22 日	17.02	66.57	16.40	1970 年 9 月 25 日	35.38	49.17	15.45
1958 年 8 月 20 日	19.96	63.21	16.57	1971 年 5 月 14 日	36.04	30.65	14.39

　　这期间有少数机构也做出评估，建议美国政府同意新中国加入联合国，但美国政府基于民意并没有采纳。可以看出，如果评估结果违背公众舆论，将影响评估成果的推广和应用。第二个方面是公众舆论的变化将引起评估需要者的需求变化。20 世纪 60 年代美国约翰逊政府决定介入越南战争，原因之一是美国公众舆论支持。到 70 年代初，美国爆发反战运动，在此情境下尼克松决定撤出越战。1992 年老布什出兵索马里，当时美国民众支持这一行动。但在 1993 年 10 月发生美军士兵伤亡，特别是各大媒体播放美军士兵死后被拖放在街头的镜头，美国爆发反战示威，85% 的民众要求撤军，克林顿政府迫于压力宣布撤出索马里。

当然，并不是所有国家的公众舆论都会像美国那样对战略环境评估产生如此巨大影响。例如从 1949 年到改革开放之前，中国对战略环境的评估基本上是最高层做出的，民间和社会的影响极为有限。①

第二节　大战略评估的根本影响因素

利益需求、身份定位和安全观直接影响评估需要者、评估者和利益集团、社会舆论等，从而影响战略环境评估。在这些直接因素背后还有一些因素在发挥根本性作用，主要有实力强弱、体制制度和价值观等。这些因素借助直接因素，对战略环境评估发挥深层次影响作用。

一、实力强弱

实力是影响战略环境评估的最根本因素，评估需要者和评估者的需求、身份和安全观无不受到实力因素的影响。任何组织至少有两个目标：完成某些任务以及保持自身作为组织的存在②，而实力是组织实现这两个目标的基础，"只有具体的实力才能最终解决重大国际问题"③。

（一）实力影响利益需求

利益需求是人们的追求，人们的一切活动都围绕着需求展开的，都是为了实现和满足自己的利益和需求而进行的。但利益需求不是

---

① 姜长斌等主编：《从对峙走向缓和：冷战时期中美关系再探讨》，世界知识出版社 2000 年版，第 447—448 页。

② 肯尼思·华尔兹著，信强译：《国际政治理论》，上海人民出版社 2003 年版，第 147 页。

③ 马丁·怀特著，宋爱群译：《权力政治》，世界知识出版社 2004 年版，第 3—4 页。

凭空产生的，依赖于身份定位，但归根到底依赖于实力。

实力影响利益需求主要体现在两个方面：一是实力影响评估需要者的利益需求。摩根索指出，权力界定利益，实力不同，利益也不同。[①] 统治阶级的利益需求自然不同于被统治阶级的，实力强大国家的利益需求与实力弱小的国家存在差异，"大国是国际安全格局的建构者和主导者，安全战略选择余地更大，小国则必须依托和利用国际体系来缓解安全脆弱性。成功的小国不仅在于维护和发展一定的军事威慑能力，更在于形成了一套借助大国力量、维护自身安全的对外战略。"[②] 拥有丰富资源的人与资源贫乏的人的利益需求也不同，西摩·李普塞特就指出："低收入群体与高收入群体在政治倾向上的差异在许多国家有典型性。"[③] 实力变化将引起利益需求变化，"一个国家变得越强大和越富有，它就需要拥有更大的影响力，也更愿意并有能力为推进其利益而战。"[④] 美国刚独立，实力弱小，其国家利益是维护自身的独立和安全。二战结束后，美国成为世界霸权，美国国家利益成了全球扩张，维护霸权地位。现在，美国对战略环境评估的需求与刚独立时明显不一样，原因在于美国自身实力发生了巨大变化。

二是实力影响到评估需要者与评估者之间的利益需求关系。一般说来，评估者的利益需求应该服从评估需要者的利益需求，当评估需要者实力强于评估者时，评估需要者的利益需求在评估过程中可能占据主导地位，评估者的利益需求更要服从评估需要者的利益需求；但当评估者的实力强于评估需要者的实力时，评估者的利益需求有可能对评估需要者的利益需求产生巨大影响，甚至改变其利益需求。

---

① 汉斯·摩根索著，徐昕等译：《国家间政治：权力斗争与和平》，北京大学出版社 2006 年版，第 55 页。

② 韦民：《小国与国际关系》，北京大学出版社 2014 年版，第 296—297页。

③ 西摩·李普塞特著，张绍宗译：《政治人：政治的社会基础》，上海人民出版社 1997 年版，第 207 页。

④ 阿拉斯泰尔·伊恩·约翰斯顿等主编，黎晓蕾等译：《与中国接触——应对一个崛起的大国》，新华出版社 2001 年版，第 3 页。

（二）实力影响身份定位

身份是在某一群体或社会中某一确定的社会位置。"在任何社会环境中，行为体或单元都必须认清自己在体系中所处的位置，通常指强弱排序和实力排名。"①

实力影响身份定位主要体现在两个方面：一是实力决定评估需要者的身份定位。衡量一个组织和个人地位主要指标是实力。"在每一个已知的人类社会中，人们都倾向于根据财富、权力和声望将人们及社会地位排出等级"②。在国际社会中，国家的地位"取决于它们在以下所有方面的得分：人口、领土、资源禀赋、经济实力、军事实力和组织稳定及能力"③，即我们常说的综合国力。

二是实力影响评估需要者和评估者之间的身份定位。身份产生于互动，"一种社会定位需要在某个社会关系网中指定一个人的确切'身份'"④。组织的实力不同，在互动中作用不同。通常，实力强的一方在互动中发挥主动作用，所塑造的身份有利于自身。欧盟东扩，与西欧国家相比，东欧国家实力较弱，在欧盟与东欧国家的互动中，欧盟居于主导地位，互动的结果是东欧国家接受欧盟的条件，加入欧盟成为欧盟成员，东欧国家的身份塑造显然有利于实力强大的欧盟。同样，实力强弱也影响到评估需要者与评估者之间的互动。一般情况下，在评估过程中，评估需要者应该处于主导地位，但有时也不一定。例如一个规模有限的公司要开拓国际业务，请世界著名智库来评估相关领域的国际形势，在两者的互动中该公司就不一定居于主导地位。

---

① 克里斯托弗·希尔著，唐小松等译：《变化中的对外政策政治》，上海人民出版社 2007 年版，第 209 页。

② 戴维·波普诺著，李强等译：《社会学》，中国人民大学出版社 1999 年版，第 101 页。

③ 肯尼思·华尔兹著，信强译：《国际政治理论》，上海人民出版社 2003 年版，第 174 页。

④ 安东尼·吉登斯著，李康等译：《社会的构成》，三联书店 1998 年版，第 161 页。

（三）实力影响安全观

安全观可以进行不同的分类，我们前面分为现实主义安全观、自由主义安全观、建构主义安全观，还可以分为均势安全观、集体安全观、合作安全观、霸权安全观等。安全观的核心是关于如何运用实力应对威胁的看法。

实力影响安全观主要体现在两个方面：一是实力是导致评估需要者安全观变化的主要原因。促使安全观发生变化的主要因素有战略文化、威胁平衡、意识形态和国际结构。① 其中，威胁平衡就涉及到实力问题。实力差距是影响威胁判断的重要因素，实力变化将引起威胁判断变化，导致安全观的变化。实力弱小时，许多组织奉行的是合作安全观、集体安全观或均势安全观；实力强大时，往往奉行霸权安全观。比如二战结束初期，美国是世界上实力最强大的国家，这时期美国奉行的是霸权安全观，插手亚太事务，遏制中国。20世纪60年代后期实力衰弱时，美国开始推行均势安全观、合作安全观，缓和与中国关系。

二是实力影响到评估需要者与评估者安全观之间的关系。"评估者经常无法确定在评估设计中应该采纳哪一方的观点。"② 战略环境评估是在一定安全观指导下进行的，评估者以自己的安全观为指导，还是以评估需要者或其他方的安全观为主导，实力对比发挥了重要作用。实力较强的一方，其安全观有可能成为评估过程的主导观念。

二、体制制度

体制制度是行为规则，"并由此而成为一种引导人们行动的手

---

① 李小华：《中国安全观分析》，上海人民出版社2008年版，第82页。
② 彼得·罗希等著，球泽奇等译：《评估：方法与技术》，重庆出版社2007年版，第262页。

段。它们通常都要排除一些行为并限制可能的反应"①。制度是"由正规的成文规则和那些作为正式规则的基础与补充的典型非成文准则所组成"②。任何评估都是在一定的体制制度背景下进行的，评估需要者和评估者的需求、身份和安全观都受到这些体制制度的制约。

（一）体制制度影响利益需求

制度是由人制定的规则，"为一个共同体所共有，并总是依靠某种惩罚而得以贯彻。没有惩罚的制度是无用的"③。

体制制度对利益需求的影响主要体现在两个方面：一是体制制度影响评估需要者的利益需求确定。制度规定了什么能够做和什么不能够做，规定了哪些利益合理、哪些利益不合理。在全球化时代，随着国家之间相互依赖日益密切，国际社会的制度化程度不断提高，许多领域签署有大量条约、协定等，国家在相关领域的利益诉求和行为应该符合这些领域的规章制度，这自然会对评估需要者在相关领域的利益需求产生影响。

二是体制制度影响到评估需要者和评估者之间的利益需求关系。战略环境评估属于决策范畴，受到决策体制的影响。我们可以将决策体制分为尖状的纵向体制和扁平的纵向体制。④ 尖状的纵向体制特点是决策高度集中，最高决策者的意志影响整个决策。比如苏联的决策体制就属于这种类型，是"个人决策"方式。⑤ 在这种体制制度下进行战略环境评估，评估需要者的利益需求决定了评估过程和结果，评估者、利益集团和社会舆论的影响有限，只有与评估需要者的利益需求相契合才能发挥作用。在扁平的纵向体制内，最高决策者虽然发挥主导作用，但其他参与者有较大的自由。在这种体制

---

① 柯武刚等著，韩朝华译：《制度经济学：社会秩序与公共政策》，商务印书馆2001年版，第112页。

② 道格拉斯·诺斯著，刘守英译：《制度、制度变迁与经济绩效》，上海三联书店1994年版，第5页。

③ 柯武刚等著，韩朝华译：《制度经济学：社会秩序与公共政策》，商务印书馆2001年版，第32页。

④ 周丕启：《大战略分析》，上海人民出版社2009年版，第103—104页。

⑤ 张历历：《外交决策》，世界知识出版社2007年版，第395页。

制度下进行战略环境评估，评估者和利益集团能够影响评估，甚至影响评估需要者的需求。评估者和利益集团的利益需求不一定与评估需要者的利益需求一致，在评估者和利益集团的影响下，评估需要者的利益需求还会改变，甚至以评估者和利益集团的需求为自身需求。

（二）体制制度影响身份定位

在一定的体制制度中，"每个成员都分担了特定的组织任务。同时，每个人都必须清楚与别的任务承担者的成员关系。所以，每一成员对别人的权力、成员之间交流和协作的期望模式，都有严格而清晰的说明。每一成员都知道何时、何地、由谁通过何种方式来进行决策，他或她处于组织等级中的哪一个位置"[①]。

体制制度影响身份的定位主要体现在两个方面：一是体制制度影响评估需要者的身份定位。身份是国家相对于国际社会的位置。随着国际社会制度化程度提高，国家之间的行为日益规范化，国家的身份定位主要由国际制度来确定，"行为体的规定——规则、规范、规则——是体制的基本因素。行为体努力履行以及明确遵守这些规定的要求是它们能够成功的关键"[②]。

二是体制制度影响评估需要者与评估者、利益集团等之间的身份定位。体制制度是社会互动的程序化，确定了社会各个组织在其中的位置。体制制度不同，各个组织所处的位置不同。在尖状的纵向体制内，评估需要者控制着自身与评估者、利益集团之间的互动，评估者和利益集团完全听命于评估需要者，两者完全不平等，是一种控制与被控制的关系；在扁平的纵向体制内，评估需要者主导着自身与评估者、利益集团之间的互动，评估者、利益集团可以影响评估需要者，两者具有一定程度的平等，是一种引导与被引导关系。

[①]　戴维·波普诺著，李强等译：《社会学》，中国人民大学出版社 1999 年版，第 190 页。

[②]　奥兰·扬著，陈玉刚等译：《世界事务中的治理》，上海人民出版社 2007 年版，第 191 页。

（三）体制制度影响安全观

安全观是对现实安全状态的反映。制度化意味着社会互动从混乱走向秩序，制度化程度反映的是社会稳定程度。体制制度对安全观的影响主要体现在两个方面：一是体制制度影响评估需要者所奉行的安全观。社会混乱时，不仅处于无政府状态，也不存在任何秩序。在没有任何约束的前提下，国家势必寻求利益最大化，社会将处在霍布斯主义的丛林中。① 国家将注重增强自己的实力来维护自身的安全，这是一种现实主义安全观。制度可以减少不确定性，增强秩序和稳定。社会制度化意味着企业或国家之间的关系趋向稳定，企业或国家可以借助制度实现合作来维护自己的安全，这是一种自由主义安全观。随着社会制度化程度提高，企业或国家奉行的安全观将从现实主义安全观转向自由主义安全观。比如二战前欧洲战争不断，处于丛林状态，几乎所有的国家奉行的都是现实主义安全观。二战后，随着欧洲一体化发展，欧洲制度化程度提高，国家的安全观转向自由主义安全观。

二是体制制度影响到评估需要者与评估者安全观之间的关系。在尖状的纵向体制制度内，评估需要者的安全观处于主导地位，是评估过程的指导观念。美国布鲁金斯学会长期以来接受美国军方和石油工业的资助，许多评估报告迎合美国军方的需要，观念具有中间偏右的"共和党中间主义"②。在扁平状的纵向体制内，评估需要者的安全观不一定成为评估的指导观念，评估者可以直接以自己的安全观作为评估的指导观念。

三、价值观

价值观包括意识形态、宗教和战略文化等，是一种持久的信念，

① 道格拉斯·诺斯著，陈郁等译：《经济史中的结构与变迁》，上海三联书店1997年版，第226—227页。

② 中国现代国际关系研究所：《美国思想库及其对华倾向》，时事出版社2003年版，第107页。

是个人或社会对某种行为或存在的终极状态优于另一种行为或存在终极状态的观念。① 价值观是"一个社会中人们所共同持有的关于如何区分对与错、好与坏、违背意愿或符合意愿的观念。价值观是决定社会的目标和理想的普遍和抽象的观念"②。任何组织都有自己的价值观，例如现在美国智库布鲁金斯学会的价值观是实用主义和保守主义，美国的民主党倾向于自由主义价值观，而共和党倾向于保守主义价值观。③ 价值观是影响战略环境评估的最深层次因素。

（一）价值观影响利益需求

利益需求既有客观性，也有主观性；既有不以人的意志为转移的客观内容，也有受到价值观影响的主观内容。④ 任何个人或组织在判定利益需求时，总是以一定的价值观为指导，价值观规定了利益范围和实现利益的方式。"政治领袖必须在符合国家价值观念的前提下才能形成政策。关于美国国家利益的问题只有从国家价值观才能找到答案。正是这些价值观才规定了国家的利益和国家的安全。"⑤

在战略环境评估方面，价值观影响利益需求主要体现在两个方面：一是价值传统影响评估需要者的利益需求。"国家利益显然是一个主观的概念，不同的人对国家利益有不同的界定。因此，国家利益是随时间的推移而有所变化的，其特性在任何一点上都取决于社会和政府中普遍持有的意识形态和对外政策观点。"⑥ 战略环境评估的核心是威胁判断，价值观影响评估需要者的威胁判断，例如奉行

---

① S. H. Schwartz, Identifying Culture Specifics in the Content and Structure of Values, *Journal of Cross – Cultural Psychology*, 1995, Vol. 26, pp. 92 – 116.

② 戴维·波普诺著，李强等译：《社会学》，中国人民大学出版社 1999 年版，第 69 页。

③ 张立平：《美国政党与选举政治》，中国社会科学出版社 2002 年版，第 124 页。

④ 邢悦：《文化如何影响对外政策：以美国为个案的研究》，北京大学出版社 2011 年版，第 92—93 页。

⑤ Earl H. Fry, et. al., *America the Vincible*: U. S. Foreign Policy for the Twenty – First Century, New Jersey: Prentice Hall, 1994, p. 113.

⑥ 杰里尔·A. 罗赛蒂著，周启朋等译：《美国对外政策的政治学》，世界知识出版社 1997 年版，第 355 页。

自由主义价值观的组织或政党，倾向认定社会制度和意识形态不同的国家是威胁和压力，而奉行保守主义价值观的组织和政党，倾向认定实力差距是导致威胁的原因。从国家角度来看，冷战期间美国奉行的是西方自由主义价值观，认定苏联对美国构成威胁的主要原因是意识形态因素。[1]

二是价值观影响到评估需要者、评估者和利益集团之间的利益需求关系。在利益需求方面，价值观的主要作用是维护和支持处于主导地位的群体利益，压制处于从属地位的利益。[2] 在评估中，如果评估需要者的价值观和评估者的价值观一致，两者的利益需求可以相互协调；但如果出现矛盾，两者的利益需求就会出现冲突，评估者就面临放弃自己价值观的问题，而价值观的放弃或改变是相当难的。

（二）价值观影响身份定位

价值观是一定社会的意识形态体系的核心内容之一，是意识形态各要素的综合反映，它集中体现了意识形态的导向功能。[3] 意识形态具有规范作用，可以规范组织或个人之间的关系。[4] 这种规范作用确定了自身与他者的关系，即确定身份定位。

价值观影响身份定位主要体现在两个方面：一是价值观影响评估需要者的身份定位。"美国作为一个世界角色在 20 世纪的出现，依赖于人民的意志。政府领导者与社会对一种面向国际看的世界观转变，被不同行业、地方、政党、宗教、少数民族及种族的广大人民所接受，这些人尽管因不同的利益被划分开来，却采纳了一致的

---

① 王缉思等：《缔造霸权：冷战期间的美国战略与决策》，上海人民出版社 2013 年版，第 16—28 页。

② 丹尼斯·K. 姆贝著，陈德民等译：《组织中的传播和权力：话语、意识形态和统治》，中国社会科学出版社 2000 年版，第 82 页。

③ 宋惠昌：《当代意识形态研究》，中共中央党校出版社 1993 年版，第 28、215 页。

④ 杨光斌主编：《政治学导论》，中国人民大学出版社 2000 年版，第 80 页。

观念使他们走到一起形成一种集体的世界观。"① 也就是说，美国面向世界的身份定位源于美国民众出现的新世界观。个人或组织的身份定位包括自我身份定位和关系身份定位两个方面，自我身份定位意味着与他方的价值观区别明显，关系身份定位意味着与他方的价值观一致或相同。这两种定位都是在互动中实现的。在互动中，个人或组织总是以自己的价值观为依据来识别对方和自身，对自己的身份归属做出判断。例如二战结束后，美国以意识形态划线，将自己归属为自由主义阵营，而将苏联看成敌对者。1964 年美国的《世界图书百科全书》对共产主义和"美国民主"做出了区分："在民主国家，政府根据人民的意志来实行统治；而在共产主义国家，独裁者通过强力实行统治并依赖强力控制权力。民主国家的政府在行政时总是努力采用使人民受益的方式；而在共产主义国家，政府的利益总是摆在第一位。"② 美国以自己的价值观为依据，将自身与苏联区分，做出自己是反对共产主义国家的身份定位。③

　　二是价值观影响评估需要者与评估者、利益集团等之间的身份定位。价值观有辩护作用，论证个人或组织行为的合理性。如果评估需要者的价值观与评估者的价值观、利益集团的价值观一致，相互之间可以定位为关系身份中的集体身份。集体身份使评估需要者和评估者、利益集团相互认同，评估者和利益集团的建议容易为评估需要者接受。例如美国著名智库传统基金会的价值观有五条：自由企业；限制政府；个人自由；传统价值观；强大国防。这五条宗旨基本反映了传统基金会保守主义价值观，为美国共和党认同，许多报告为共和党总统接受。如果评估需要者的价值观与评估者的价值观、利益集团的价值观不一致，评估需要者有可能将评估者、利益集团看成异己，排斥评估者和利益集团的建议。比如美国民主党

　　① 唐纳德·怀特著，徐朝友等译：《美国的兴盛与衰落》，江苏出版社2002 年版，第 97 页。

　　② 刘建飞：《美国与反共主义》，中国社会科学出版社 2001 年版，第 22页。

　　③ 梅孜编译：《美国国家战略报告汇编》，时事出版社 1996 年版，第 315页。

奉行自由主义价值观，民主党的克林顿上台后，传统基金会对美国政府决策影响下降。

（三）价值观影响安全观

朱迪斯·戈尔茨坦和罗伯特·基欧汉将观念分为三种类型：世界观、原则化信念和因果信念。认为世界观是与人们的自我认属概念交织在一起的，唤起深深的情感和忠诚；原则化信念是区分对与错、正义与非正义标准的规范性观念；因果信念是关于原因和结果关系的信念，为个体提供了如何实现其目标的指南。[①] 显然，世界观和原则化观念属于价值观，而安全观属于因果信念。价值观是深层次的观念，影响安全观。价值观关于对与错、正义与非正义的标准，就影响着安全观关于敌友的判断，也影响着安全观关于如何实现目标的方式的判断。

价值观影响安全观主要体现在两个方面：一是价值观影响评估需要者的安全观。安全观的核心是关于威胁的判断，价值观从根本上决定了威胁判断。美国冷战初期奉行的是现实主义安全观，推出"遏制战略"。遏制战略深受美国传统价值观的影响，"遏制战略符合美国特性和精神气质的某些特征，与根深蒂固于美国传统中的一系列因素相一致"[②]，这些传统因素主要是美国的价值观，包括个人成就、道德关怀、人道主义、实用主义、平等、自由等。[③] 这样的价值观影响了美国的安全观。对美国国家安全具有重大影响的国家安全委员会第68号文件明确指出，美国是自由社会，国家安全战略目标由基本价值观念决定。强调苏联对美国构成威胁的原因在于其价值观念构成了挑战。美苏之间价值观念的对抗和差异影响了当时美国人的安全观。美国根据自己的价值观，认为苏联是威胁，美国应

---

① 朱迪斯·戈尔茨坦等编，刘东国等译：《观念与外交政策》，北京大学出版社2005年版，第9—10页。

② Cecil V. Crabb, *Policy – Makers and Critics*: *Conflicting Theories of American Foreign Policy*, New York：Praeger, 1976, p. 158.

③ 戴维·波普诺著，李强等译：《社会学》，中国人民大学出版社1999年版，第91页。

该担当起维护西方世界安全的责任。①

　　二是价值观影响评估需要者安全观与评估者、利益集团安全观之间的关系。价值观具有评价作用，隐含着对个体或组织所拥有的观念恰当与否的判断。当个人或组织的观念符合一定价值观的标准时，就会得到肯定的评价，否则会被否定，这实际上是观念冲突的问题，这种冲突属于和解型。② 评估者的价值观与评估需要者的价值观一致，安全观有可能一致，战略环境评估就会顺利进行；如果价值观不一致，安全观有可能出现矛盾和冲突，战略环境评估就会受到影响。

---

① 艾森豪威尔的国务卿杜勒斯指出，美苏之间的斗争是一场西方基督教文明与共产主义思想之间的斗争，前者由美国领导，后者由苏联领导。王玮等：《美国外交思想史》，人民出版社2007年版，第368页。

② 周伟忠：《冲突论》，学林出版社2002年版，第99页。

案例分析
2012—2020 年中国周边安全环境评估

国家面临的国际安全环境包括全球安全环境和地区安全环境。对于中国来说，周边地区安全环境对于国家安全具有重要影响。关于"中国周边地区"的含义有两种：一种是广义的周边，即大周边①，地理上包括俄罗斯远东地区、东北亚、东南亚、南亚、西亚和中亚、南太平洋；另一种是狭义的周边，地理上包括东北亚、东南亚、南亚和中亚。无论何种周边概念，美国和俄罗斯都是重要影响因素。这里我们采用的是狭义的周边概念，对狭义的周边安全环境进行评估。

一、中国周边国际战略环境评估

周边国际战略环境主要是周边国际体系。周边国际体系包括周边国际格局和周边国际进程两个方面。周边国际格局是周边国家或

---

① 陈向阳："应对'大周边'六板块"，载《瞭望》2010 年第 34 期。有学者将澳大利亚、新西兰等澳洲也作为"狭义周边"的范畴。严格意义上讲，澳洲并不能算作中国的周边国家。评估国家的战略环境需要评估整体国际形势，还要对内部环境进行评估，这里只评估外部环境的周边环境。大战略环境评估涉及领域比较多，需要大量数据。要按照前文所提出的理论框架对中国周边环境进行完整的评估，需要大量的人力物力和数据资料，这是本书难以完成的。本章的主要目的是将周边安全环境评估作为一个案例，来说明和解释如何运用前面提出的理论和方法来评估国家的战略环境，不是要准确评估 2012 年到 2020 年中国周边安全环境实际走向，采用的数据基本是 2012 年到 2014 年间的。通过评估得出结论，读者以此对比近几年周边安全环境演变现实情况，可以验证评估模型的准确性。

力量中心的综合实力对比，周边国际进程包括社会、技术、经济、军事和政治等五大领域的演变趋势。

1. 周边国际格局评估

一个国家的综合国力包括资源力、经济力、军事力、文化力和外交力。其中资源力、经济力、军事力属于硬实力，文化力和外交力是软实力。按照我们在第四章提出的综合国力评估方法，主要对美国、俄罗斯、日本、韩国、印尼、印度、巴基斯坦等七个国家的综合国力进行评估。[①] 2012 年七国各项实力评估结果如下：

（1）关于资源力的评估，我们以人口数量、国土面积和资源（粮食产量、石油产量）[②] 作为资源力的主要指标。

	美国	俄罗斯	日本	韩国	印尼	印度	巴基斯坦
人口（亿）	3.1	1.4	1.3	0.5	2.4	11.7	1.8
国土（万平方公里）	936.4	1707.5	37.8	9.9	190.5	328.8	79.6
资源综合	367.5	86.3	18	0.7	88.4	260.4	32

根据第四章我们提出的资源力评估公式，具体评估结果：美国的资源力为 475.5，俄罗斯 623.5，日本 20.8，韩国 3.9，印尼 102.6，印度 222.1，巴基斯坦 41.1。

（2）关于经济力的评估。我们以 GDP、国际贸易量和金融地位作为衡量指标。金融地位主要指有关国家的货币成为国际储备货币的情况。在七个国家中，只有美元和日元是国际储备货币，其中美元占各国外汇储备在 60%以上，日元占 4%左右。[③]

---

① 美国和俄罗斯情况比较特殊。美国是世界霸权，力量遍布全球，对世界任何地区都具有重要影响；俄罗斯主体在欧洲，冷战结束后一直推行"双头鹰"战略，近几年开始关注亚太，我们将其整体实力放在中国周边来考虑。

② 我们以 2013 年七个国家的粮食产量、石油产量加权平均作为资源力的数值。

③ 2009 年世界外汇储备货币，美元占 62.8%，日元占 3.1%，人民币不是世界外汇储备货币。2015 年人民币被纳入国际货币基金组织的记账单位后成为国际货币。在此之前，人民币实际上已成为许多国家对外贸易结汇货币。

	美国	俄罗斯	日本	韩国	印尼	印度	巴基斯坦
GDP（万亿）	16.8	2.1	4.9	1.2	0.9	1.9	0.2
国际贸易（万亿）	3.9	0.8	1.5	1.1	0.4	0.8	0.1
金融地位	60%		4%				

根据我们第四章提出的关于经济力评估公式，具体评估结果：美国经济力为 6.6，俄罗斯 0.9，日本 2，韩国 0.8，印尼 0.41，印度为 0.9，巴基斯坦 0.1。

（3）关于军事力的评估。我们以军费开支、军队数量和武器装备①作为衡量指标。

	美国	俄罗斯	日本	韩国	印尼	印度	巴基斯坦
军费开支（亿）	6125	766	491	337	69	460	70
军队数量（万）	143	76	25	64	48	132	62
综合武器装备	98	90	76	62	43	78	57

根据我们第四章提出的关于军事力评估公式，具体评估结果：美国军事力为 1920，俄罗斯 289，日本 185，韩国 145，印尼 52，印度 209，巴基斯坦 62。

（4）关于外交力的评估。我们以盟国数量和在周边国际组织中的地位作为衡量指标。正式同盟赋值 1，准同盟或战略伙伴关系为 0.5。在国际组织中具有主导地位赋值 1，成员国为 0.5；美、俄为联合国常任理事国各赋值 2。

---

① 军费开支、军队数量和武器装备以全球火力网站公布的 2013 年数据为依据。参见 http：//www. globalfirepower. com/。

	美国	俄罗斯	日本	韩国	印尼	印度	巴基斯坦
盟国数量赋值	7	2.5	2	1.5	1	1.5	1
在国际组织地位	3	3.5	0.5	0.5	1	1	0.5

根据我们第四章提出的关于外交力评估公式，具体评估结果：美国外交力为 5，俄罗斯 3，日本 1.25，韩国 1，印尼 1，印度 1.25，巴基斯坦 0.75。

（5）关于文化力的评估。我们以文化价值观被周边国家接受程度或与周边国家一致程度作为文化力的指标。衡量文化接受程度或一致程度既可以以国家数量为指标，也可以以人口数量为指标。周边共计有 33 个国家和地区。

	美国	俄罗斯	日本	韩国	印尼	印度	巴基斯坦
文化接受程度	0.91	0.19	0.31	0.19	0.13	0.16	0.13

文化力评估结果：美国文化力为 0.91，俄罗斯 0.19，日本 0.31，韩国 0.19，印尼 0.13，印度 0.16，巴基斯坦 0.13。

七个国家综合国力评估如下：

	美国	俄罗斯	日本	韩国	印尼	印度	巴基斯坦
资源力	475.5	627.5	20.8	3.9	102.6	222.1	41.1
经济力	6.6	0.9	2	0.8	0.41	0.9	0.1
军事力	1920	289	185	145	52	209	62
外交力	5	3	1.25	1	1	1.25	0.75
文化力	0.91	0.19	0.31	0.19	0.13	0.16	0.13

进行无量纲处理结果如下：

	美国	俄罗斯	日本	韩国	印尼	印度	巴基斯坦
资源力	4.8	6.3	0.2	0.04	1	2.2	0.4
经济力	6.6	0.9	2	0.8	0.41	0.9	0.1
军事力	19.2	2.9	1.9	1.5	0.5	2.1	0.6
外交力	5	3	1.25	1	1	1.25	0.75
文化力	0.91	0.19	0.31	0.19	0.13	0.16	0.13

根据我们在第四章提出的评估综合国力公式，七个国家综合国力评估结果如下：

	美国	俄罗斯	日本	韩国	印尼	印度	巴基斯坦
综合国力	19.0	4.7	1.0	0.5	0.4	1.1	0.1

总体来看，在周边地区美国超出中国47.3％，美国是霸权国家，该地区依然是"一超多强"格局。从未来格局走向看，综合国力五大要素中，资源力变化不大，其他四个方面可能出现较大变化，由于中美两国超出其他国家很多，到2020年周边区域很有可能呈现出中美两极态势。

2. 周边地区国际进程评估

国际进程主要涉及社会、技术、经济、军事和政治等五大领域的演变趋势。我们这里主要采用情景分析法评估周边地区国际进程情况。

（1）周边地区的社会领域。2012年周边地区加上西亚人口达43亿，占世界总人口的60％，其中15岁到24岁之间的年轻人占到一半左右，年轻人口2010年达到峰值，而后开始下降。周边地区面临老龄化问题，今后40年间，65岁以上人口将增加三倍，从8％上升到18％。各个国家面临的老龄化问题程度不同，日本老龄化人口问题严重，65岁以上老龄人口的比重将从2012年的24％上升到2050年的37％。当然，也有一些国家被称为"年轻"国家，比如印度2012年65岁以上的人口只有5％，菲律宾老龄人口为4％，到2050

年才到 9%。

周边地区城镇化速度加快。2012 年估计有 46% 的人口居住在城市，到 2020 年将达到 50%。不同国家和区域城镇化程度存在差异，太平洋地区城镇化水平最高。20 世纪 80 年代以来，中亚地区的城镇化水平没有变化，吉尔吉斯斯坦、塔吉克斯坦和乌兹别克斯坦的城镇化水平还下降了 5%。城镇化速度最快的是东亚地区，2012 年该地区城镇化水平达到 57%，东南亚和南亚城镇化水平只有 45% 和 35%。①

周边地区教育水平不断提高。过去十年，周边地区许多国家年轻人的识字率达到 95% 左右，识字率低的国家比如孟加拉，年轻女性的识字率从 2001 年的 60% 上升到 2011 年的 77%。成人的识字率也有大幅度提高，比如在东帝汶，成人的识字率从 2001 年的 38% 上升到 2010 年的 58%，孟加拉和尼泊尔成人识字率分别提高 10% 和 9%。②

周边地区收入分配不均程度有所提高。随着经济发展，周边地区贫困人口大幅度下降，从 1990 年的 16 亿下降到 2011 年的 7 亿。在贫困人口下降的同时，周边地区收入差距出现了恶化。从 20 世纪 90 年代到 21 世纪初，中国的基尼系数从 32.4 变成 42.1，印度从 30.8 变成 33.9，印尼从 29.2 变成 38.1，其他国家如柬埔寨、吉尔吉斯、尼泊尔、泰国和乌兹别克的基尼系数有所下降，而马来西亚和菲律宾的基尼系数依然较高，分别为 43 和 46.2。收入分配不均影响到经济发展成果分享和社会稳定。③

---

① 具体数字参见 United Nations Economic and Social Commission for Asia and Pacific：*Urbanization*，in *Statistical Yearbook for Asia and Pacific* 2013，http：// www. unescap. Org/resources/statistical – yearbook – asia – and pacific – 2013。

② 具体数字参见 United Nations Economic and Social Commission for Asia and Pacific：*Education and Knowledge*，in *Statistical Yearbook for Asia and Pacific* 2013，http：//www. unescap. Org/resources/statistical – yearbook – asia – and pacific – 2013。

③ 具体数字参见 United Nations Economic and Social Commission for Asia and Pacific：*Income poverty and Inequality*，in *Statistical Yearbook for Asia and Pacific* 2013，http：// www. unescap. Org/resources/statistical – yearbook – asia – and pacific – 2013。

周边地区国际移民增多。2010 年周边地区国际移民占全球国际移民的比例不倒 1/4，大约一半左右的移民生活在除美国之外的俄罗斯、印度和巴基斯坦加上澳大利亚四个国家。尽管周边地区国际移民数量多，但占人口比重只有 1.3%，不到全球 3.1% 的一半。许多国家的移民比重在下降，而全球的移民比重在上升。

总体来看，周边地区社会领域发展出现了两种趋势：一种是老龄化人口比重上升，城镇化水平和教育水平上升，贫困人口减少和国际移民增加；另一种趋势是人口数量开始下降，解决贫困人口任务任重道远，收入分配不均程度恶化和国际移民比重下降。

（2）周边地区的科技领域。周边地区科技研发投入不断增加。美国是当今世界科技研发投入最多的国家，2009 年美国研发经费投入 4005 亿美元，占全世界的 31%，中国投入 1400 亿美元，位列世界第二，日本以 1270 亿美元紧随其后。从研发经费占 GDP 比重看，全球投入比重最高的 25 个国家中有 5 个在周边。韩国的比重最高，达 3.7%，日本 3.4%，美国 2.9%，新加坡 2.4%，中国 1.7%。当然，也有一些国家的比重偏低，印尼、哈萨克斯坦、吉尔吉斯斯坦、蒙古国、菲律宾、斯里兰卡、塔吉克斯坦和泰国的科研投入占 GDP 比重在 0.1% 到 0.2% 之间。

周边地区的科技创新和新技术应用活跃。许多国家积极抓住新的科技和工业革命有利时机，推进科技创新和信息技术应用，美国、日本、韩国是科技创新领先的国家，世界许多先进的科技发明源自这些国家，然后才逐渐向其他国家和地区推广。目前周边地区信息技术、新能源技术、生物技术、新材料技术的应用方兴未艾。这些新技术的运用，加强了地区国家之间的联系，推动了地区经济发展。当然，还有一些国家科技创新不足，新科技应用能力有限，比如南亚、中亚的国家与东亚和东南亚地区相比，就极为落后。

总体来看，在技术领域出现两种趋势：一种是整个地区科技研发投入增长，科技创新和新技术运用活跃；另一种趋势是部分国家对科技研发不重视，投入严重不足，而且新技术运用有限。

（3）周边地区的经济领域。周边地区是世界上经济发展最快的地区，整体经济实力不断上升，2013 年周边地区经济总量已占到世界一半以上，这是 18 世纪工业革命以来世界经济中心又一次转移。在经济发展同时，周边地区对能源的需求不断上升，现在周边地区已是世界上能源消耗最多的地区之一，过去 10 年周边地区初级能源供应占世界的比重从 38% 上升到 47%，能源供需矛盾突出。当然，不同次区域情况也不一样，中亚和俄罗斯是最大的能源输出次区域，而东北亚和东南亚是最大能源输入次区域。

周边地区经济联系密切，区域贸易规模庞大，占世界出口的 38% 和进口的 37%。金融危机后，周边地区内的贸易出现下滑，2013 年周边地区的贸易增长只有 2%。美国能源革命没有变成对外需求，中国进行经济结构调整，两者都影响整个区域内的贸易。与区域内的贸易不同，周边地区与其他地区的贸易联系在增加，2000年周边地区与其他地区出口占到整个周边地区贸易的 44%，到 2013年上升到 52%。除此之外，周边地区已经建立的和正在建立的自由贸易区众多，既有涉及整个区域的比如中国推动的亚太自由贸易区等，还有次区域的比如东盟自由贸易区、中国与东盟自由贸易区、中日韩自由贸易区等。但到目前为止，还没有建成覆盖整个区域性的自由贸易区。

周边地区是国际投资最多的地区。除美国外，2013 年周边地区外来投资占到世界外资的 37.8%，比 2012 年增长 6.6%，但低于全球的平均水平，也低于拉美的 14.2%。周边地区对外投资保持强劲势头，2013 年对外投资占到全球的 38.3%，增长 15.1%。

总体来看，周边的经济领域出现两种趋势：一种是能源需求增加，贸易和经济联系密切，出现区域一体化态势；另一种趋势是贸易出现下降，整个区域经济一体化进程缓慢，而且各种计划相互竞争。

（4）周边地区的军事领域。冷战结束以来，周边地区频繁发生战争和武装冲突，一直是世界上发生军事冲突最多的地区，而且呈上升态势，1990 年到 2006 年，全世界发生的大规模军事冲突，亚太占 8 起；2008 年全世界发生 16 起，亚太占 7 起；2009 年世界 15 起，亚太占 7 起；2010 年世界发生 15 起，亚太占 5 起。[①] 朝鲜半岛问题、

① 参见瑞典斯德哥尔摩国际和平研究所 2006 年、2009 年、2010 年、2010年年鉴。

台海问题、东海钓鱼岛问题、南海问题、中印边界问题和印巴克什米尔问题等是地区热点问题。① 到 2020 年，这六大热点问题得到妥善解决的可能性较低。除此之外，周边地区民族、宗教矛盾突出，"三股势力"特别是恐怖势力的活动日益猖獗，也严重影响地区稳定。②

周边地区军事大国众多。世界十大军事强国有六个在周边：美国、俄罗斯、日本、印度、朝鲜、韩国。这些国家军费开支高，仅美国的开支就占到世界的 40% 以上；其他一些国家如越南、菲律宾、巴基斯坦等军费开支也连年增加。周边地区也是世界先进武器装备、大规模杀伤性武器密集地区，美国、俄罗斯、印度等国家不断研制新式武器装备，今后将有一系列先进武器装备列装军队。随着世界大国加大对周边地区的战略关注力度，周边地区正在成为世界上军备竞赛最为激烈的地区。除此之外，周边地区的演习、交流等军事活动日益活跃，美国与亚太盟国之间的军事演习频繁，各大国之间的军事互动活跃。

总体来看，周边的军事领域呈现出两种竞争态势，一种态势是世界军事力量向周边地区集中，大国之间遏制与防范、竞争与对抗态势明显，地区恐怖威胁加重；另外一种是访问、交流密切，相互之间的军事联系程度不断提升，军事局势缓和，恐怖威胁受到有效遏制。

（5）周边地区的政治领域。周边地区语言、文化、宗教复杂，意识形态对立。既有伊斯兰教、基督教，也有佛教；既有资本主义国家，也有社会主义国家；国家制度存在差异，既有共和制，也有君主制，还有君主立宪制；既有发达国家，也有新兴市场经济国家，还有比较落后的国家。

---

① 布热津斯基认为在中国周边地区存在导致大规模冲突的八个热点问题，即朝鲜半岛问题、钓鱼岛问题、台湾问题、南海问题、马六甲海峡问题、中印边界问题、克什米尔问题和中亚争夺等。兹比格涅夫·布热津斯基著，洪漫等译：《战略远见：美国与全球权力危机》，新华出版社 2012 年版，第 165 页。

② U. S. Department of State：*Country Reports on Terrorism* 2013，http：// www. state. gov/j/ct/crt/2013/224821. htm.

周边地区大国战略博弈激烈。美国为维护自身霸权地位，加大对亚太的投入力度，俄罗斯也开始关注亚太，日本开始解禁集体自卫权，印度提出"东进"战略，东盟加快共同体建设，中国是亚太地缘中心国家，随着综合国力不断提升，在周边影响力日益增强。另外，周边一些地区性国际组织作用日益增强，上合组织、亚信峰会、亚太经合组织、东盟、南亚区域合作联盟等，在周边地区事务中发挥的作用日益突出。联合国在周边地区事务作用有限。

总体来看，周边地区的政治领域呈现两种态势：一种是整个区域联系、互动密切，大国在该地区的合作态势明显；另一种是碎片化的态势，大国在该地区竞争激烈，各种文化、宗教、力量博弈，短期内难以统合。

根据未来周边地区国际进程，未来周边地区有可能出现三种情景：第一种是混乱情景，即对立、分裂的周边地区；第二种是和谐情景，即融合、合作的周边地区；第三种是模糊不清情景，即上述两种趋势都存在，2020 年难以确定哪种趋势处于主导地位。从目前演变趋势来看，到 2020 年周边地区呈现模糊情景的可能性最大。

	情景特点	情景要素
第一种	混乱	输入分配不均恶化，国际移民数量减少；技术研发重视不足，新技术运用有限；经济发展缓慢，相互间经济联系下降；大国军事对峙，恐怖威胁严重；大国博弈激烈，宗教文化、意识系统对抗加剧
第二种	和谐	教育水平和城镇化水平上升，贫困人口减少；重视新技术研发，新技术运用广泛；经济发展平稳，经济联系密切；大国军事合作加强，恐怖威胁得到遏制；大国有效合作，宗教文化、意识系统矛盾缓和
第三种	模糊	上述两大类情景要素混合

二、中国周边特定领域安全环境评估

在周边国际环境评估中，实际上已经对社会、技术、经济、军事和政治五大领域进行了评估。特定领域是指对国家安全环境具有重要影响的更为具体的领域，比如网络空间领域。这样的领域既可以是分属五大领域内的次领域，比如核领域就属于军事领域的次领域，也可能是跨五大领域的具体领域，比如网络空间属于技术领域，但也涉及军事、社会等领域。在这里，我们主要评估网络空间领域和海洋领域。

1. 网络空间领域评估

网络空间是冷战后出现的正在对国家安全产生巨大影响的新兴领域。网络空间严格意义上是全球性的，难以区分出周边地区的网络空间和全球的网络空间。这里我们主要评估网络空间对周边地区安全局势的影响。网络空间领域评估是一种功能性评估。

（1）网络空间领域的地位。作为新兴战略领域，网络空间正在塑造全新的国家安全态势。这种作用主要体现在三个方面：一是从规模看，网络空间的规模正在不断扩大。从资金投入来看，各国不断加大投入，美国 2014 年网络安全预算达 130 亿美元，2014 年到 2018 年网络安全预算总额将达到 230 亿美元；日本在网络上的投入 2011 年为 1211.5 万亿日元，2012 年为 1147.3 万亿日元。从用户量来看，2014 年全球互联网用户达 30 亿人，占全球总人口的 40%。二是从关联度看，网络空间对其他领域的影响逐渐增强，网络已渗透到社会各个领域，影响逐渐深入，[1] 已经到了没有网络安全，就几乎没有国家安全的地步；争夺制网权已成为现代战争新的战略制高点。未来，随着硬件、软件和其他 IT 技术质和量的飞跃，传播范围扩大，对各个领域的影响将更加深入。三是从发展潜力看，随着技术进步，人类社会正在进入大数据时代。借助网络和云计算技术，数据处理、传播和储存几乎没有止境，网络空间领域将与各个领域

---

[1] 李慎明等主编：《全球政治与安全报告（2014）》，社会科学文献出版社 2014 年版，第 281 页。

深度融合，网络空间对人类社会的作用前景广阔。网络空间领域正在成为经济社会和国家安全的支柱。当然，网络空间领域在国家安全中的作用还没有达到一旦该领域出现问题就会导致"天塌下来"的局面。

	导向作用	支柱作用	基础作用	潜在作用
领域规模		大		
关联度		大		
发展潜力		大		

（2）网络空间领域的战略格局。这里我们根据网络空间领域的绝对集中度来判定网络空间领域格局。从目前来看，在网络空间领域美国占有绝对垄断地位，主要原因有：一是美国绝对垄断了互联网的根服务器。根服务器主要用来管理互联网的主目录，全世界只有13台，其中一台主根服务器在美国，其余为12台辅根服务器，其中9台在美国，欧洲2台在英国和瑞典，亚洲1台在日本。所有根服务器均由美国政府授权的互联网域名与号码分配机构ICANN统一管理，由于根服务器中有经美国政府批准的260个左右的互联网后缀和一些国家的指定符。所以美国对互联网域名拥有绝对控制权，可以随时中断其他国家的网络，美国在网络空间处于中心位置。二是美国垄断网络核心技术和产品。英特尔公司的芯片CPU、微软公司的操作系统、谷歌和雅虎等公司的搜索引擎，分别占到全球的90%、85%和70%以上的市场份额，思科的核心交换机更是遍布全球网络节点。三是网络安全军力强大。美国制定有系统的网络安全战略，2009年设立国家级的网络司令部，各军种也设立网络司令部。2012年网络空间司令部宣布在所有六个战区作战司令部组建网络支援部队。现在，美国组建了世界上规模最大的网军。[①] 总体来看，在网络空间领域，美国处于绝对垄断地位，其他国家虽然在某些方面正在突破，但还没有根本动摇美国一家独大的地位。

---

① 庄林等："美国网络安全战略的实质"，载《国防科技》2013年第34卷第4期。

（3）网络空间领域的战略互动。我们根据前面网络空间的集中度就可以判定竞争状况，即网络空间是美国绝对垄断下的激烈竞争的领域。另外，评估网络空间的竞争还可以采用 PR 模型，即国家在该领域的成本和收益来分析，但由于网络空间涉及到国家机密，许多数据难以获取，这里主要采用定性方法来分析：一是从进入规模看，网络空间是周边主要国家都极力进入的领域，投入成本很大，收益也较高。但从目前来看，由于美国绝对垄断了核心技术，周边其他国家的投入没有达到动摇美国垄断地位的规模。美国对网络核心技术的垄断形成了强大的进入壁垒。二是从差异化水平看，周边主要国家进入网络空间差异化水平低。定位有交叉：美国的定位就是维护在网络空间领域的霸权；俄罗斯、日本、中国、印度等大国的网络空间战略的目的是维护自身安全，夺取制网权。与美国的目标有冲突，相互之间也有交叉。投入的力量要素基本相同，只不过存在数量差异。包括美国在内的周边大国在网络空间力量建设方面趋同，比如都建立了网络司令部，都建立了网军。细分领域差异化水平低。网络空间领域细分不明显，各个主要国家之间在力量、技术、产品方面存在一定程度细分，这种细分主要是其他国家与美国之间的细分，美国之外的其他国家相互之间的细分水平不高。差异化水平是 $0.4 \times 0.5 + 0.3 \times 0.5 + 0.3 \times 0.5 = 0.50$，水平中等，意味着竞争激烈。

总体来看，网络空间领域对国家安全的影响增强，该领域基本上是美国主导下的竞争激烈的领域，美国是影响周边其他国家网络安全的主要国家。

2. 海洋领域评估

海洋领域是一个特殊的领域，周边的海洋领域是周边地区的组成部分。随着人类科技发展，海洋在国家安全中的地位日益上升，已经超出了传统的地理、地缘意义，对国家间的互动产生巨大影响。海洋领域评估是一种地域性评估。

（1）海洋领域的地位。海洋领域与社会、技术、经济、军事和政治五大领域相互影响和相互渗透，出现了海洋社会、海洋科技、海洋经济、海洋军事和海洋政治等众多分支领域。海洋社会是指基于海洋、海岸带、岛礁形成的区域性人群共同体。联合国《21 世纪议程》预计，到 2020 年全世界沿海地区的人口将达到人口总数的

75%。在东亚地区,濒海 100 公里的地域内承载了地区国家近 77%的人口[1]。海洋科技是以综合高效开发海洋为目的的高技术,包括深海探索、海水淡化以及对海洋生物资源、矿物资源、化学资源和动力资源等的开发利用方面的技术。海洋经济是经济发展新的增长点,包括海洋旅游、海洋渔业、海洋交通运输、海洋贸易等。周边特别是东亚海上油气资源丰富,有"第二波斯湾"之称,2010 年仅东南亚濒海五国石油和天然气产量分别占世界总量的 3.2% 和 6.5%。海洋军事自古存在,主要是海军以及围绕控制和争夺海洋的军事斗争。世界十大海军有一半在亚太地区:美国、俄罗斯、日本、中国、印度。海洋政治是世界大国围绕海洋进行的博弈。美国、俄罗斯、中国、日本、印度、韩国和东盟国家围绕海洋权益及海洋热点问题持续竞争和较量。总之,海洋领域规模不断扩大,与其他领域的关联性增强。

(2)海洋领域的战略格局。周边海洋领域主要包括北印度洋地区和西太平洋地区。海洋领域的战略格局主要是指国家在海洋领域的力量对比。国家的海洋力量主要是海洋领土面积[2]、海军力量[3]等这两个要素之和。我们将海域面积除以 100 后赋值 0.3,海军实力赋值 0.7。将海域之值与海军实力之值相加,即为该国在周边地区的海上实力。海上实力不仅仅是海军实力。

---

[1] 军事科学院国防政策研究中心:《战略评估 2013》,2014 年 4 月,第 25 页。

[2] 我们主要考察西太平洋地区第二岛链到亚洲大陆之间的海洋,在这个范围内俄罗斯主要是鄂霍次克海和日本海内的海域面积。美国在西太平洋地区的海域面积只包括关岛等几个岛屿的专属经济区的面积。

[3] 俄罗斯海军实力只评估太平洋舰队。美国计划到 2020 年将海军实力的 60% 转移到太平洋,因此美国在太平洋的海军实力以其海军整体实力的 60% 计算。实际美国在西太平洋的海军实力应以第七舰队为主,但 2016 年以来,第三舰队频繁进入第七舰队巡航区。因此,这里美国在亚太的海军力量为整个太平洋舰队。航母在海军实力中所占比重为 30%,护卫舰为 10%,驱逐舰为 20%,潜艇为 20%,人员数量和素质为 20%。相关国家海军舰艇和人员数量,参见全球火力网站公布的 2013 年数据,http://www.globalfirepower.com/。

国家	海洋面积（万平方公里）	海军实力	得分
俄罗斯	500	18（太平洋舰队）	27.6
美国	79	22.7（60%海军实力）	18.3
中国	300	28	28.6
日本	448	15.2	24.1
韩国	30	9.5	7.7
泰国	30	3.1	3.1
马来西亚	33	2	2.4
菲律宾	159	2.7	6.7
印度尼西亚	616	2.7	20.4
印度	231	11.3	14.8
巴基斯坦	24	4.2	3.7
缅甸	53	0.4	1.9
斯里兰卡	52	0.8	2.1

在亚太地区海上实力将出现中国、俄罗斯、日本、美国、印度和印度尼西亚多极力量格局。

（3）海洋领域的战略互动。多级力量格局意味着周边地区海洋领域是一种不完全竞争态势。国家之间在海洋领域互动频繁，主要体现在以下几个方面：一是从进入规模看，海洋领域进入门槛较低，只要毗邻海洋，拥有一定的海军实力，都可以进入海洋。周边地区临海国家都在不断扩大和维护自己的海洋国土面积，许多国家比如美国、日本、韩国、越南、菲律宾、印尼、印度等都在扩大海军实力。二是从差异化水平看，周边地区的国家在海洋领域的发展差异化程度较低。定位有交叉。美国在周边海洋领域的定位是维护海洋霸权，保持海上航行自由，俄罗斯、中国、日本、韩国、印尼等在海洋领域的定位则是维护自身在特定海洋领土方面的权益，相互之间有矛盾，例如南海问题上中国与东盟部分国家之间有矛盾和冲突等。力量发展方向不相同。美国是全球海军，注重对全球重要海域的控制；俄罗斯①、中国、日本②和印度③发展的是地区海军，目标是控制一定远海；其他国家如韩国、越南、印尼、菲律宾、巴基斯坦等海上力量基本上是近海海军，强调控制沿海地区。力量发展方向有交叉和矛盾。影响细分范围领域差异化程度低，特别是美国、俄罗斯、中国、日本和印度海军之间，舰种基本相同，只是在质量和数量方面存在差异，而且都以美国海军力量的构成为主要标准来规划本国海上力量发展。差异化水平 $= 0.4 \times 0.5 + 0.3 \times 0.5 + 0.3 \times 0 = 0.35$。分值较低，意味着竞争激烈。

总体来看，海洋领域对于国家安全的影响日益重要。周边地区的海洋领域呈现出多极竞争格局，而且竞争激烈。

三、中国的周边战略对手评估

战略对手评估是通过评估与相关国家的互动来进行的。我们对中国与美国、俄罗斯、日本、韩国、印尼、印度、巴基斯坦等七个国家之间的互动进行评估，以确定其中的战略对手，主要采取层次分析法来评估。

1. 战略目标评估

战略目标是有关国家要达成的结果，包括两项指标：有关国家的战略现状与战略愿景之间的差距、有关国家的战略目标与中国战略目标的矛盾程度。

（1）有关国家战略目标评估。美国的战略目标评估：美国是当今世界最强大的国家，但相对于其他国家的实力优势在下降，被称

---

① 俄罗斯出台《21 世纪俄罗斯国家海洋政策》和《2020 年前海洋学说》，将争夺海洋主导权作为重振大国雄风的战略着力点，将太平洋作为国家海洋政策的主要方向之一。

② 日本出台《海洋基本法》《海洋基本计划》《国家安全保障战略》等文件，将海洋作为拓展疆域和增强国际影响的重要途径，强调日本要在维护海洋开放和稳定方面发挥主导作用。

③ 印度公布《海军新作战学说》《印度海洋军事战略》，将夺取印度洋控制权作为争取大国地位的战略支点，力图控制从波斯湾到马六甲海峡之间的广大海域。

为"衰落大国"。① 美国承认"资源有限",要"重整国内财政秩序并更新长期经济增长计划",目的是维持美国全球领导地位②。

俄罗斯的战略目标评估:俄罗斯领导人发表的历次国情咨文对俄罗斯面临的经济、社会、政治、文化和外交现状进行了分析,强调俄罗斯是世界上具有几个世纪的历史和文化传统的最强大的国家之一,在世界事务中发挥重要作用。俄罗斯的战略愿景是重振大国地位,进入世界先进国家行列。

日本的战略目标评估:日本是经济大国,是世界第三大经济体,自1990年开始日本经济一直停滞不前,面临老龄化、产业空洞化、技术创新动力不足等问题。日本的战略愿景是重振经济发展,恢复正常国家地位,即成为政治大国和军事大国,在全球事务中发挥重要作用。

韩国的战略目标评估:韩国在20世纪70年代经济起飞后,进入发达国家行列。韩国的战略愿景是依托韩美同盟,发展自主国防;提振韩国经济和文化,成为东北亚中心国家;通过扮演平衡者角色,在地区事务中发挥主导作用;在民族共荣基础上实现国家统一。

印尼的战略目标评估:印尼是东南亚最大的国家,经济发展迅速。印尼的战略愿景是通过自主发展,成为区域经济发展的引擎和东南亚最大经济体,并在地区和全球事务上发挥积极作用③。

印度的战略目标评估:印度经济发展迅速,但占世界 GDP 份额依然偏低,国内种族、宗教矛盾重重,贫困人口多,基础设施落后,腐败丛生。印度的战略愿景是充分利用自身地理和资源优势,通过经济发展和增强军力,控制印度洋,重建"印度中心",成为世界大国。

---

① 关于美国是否在衰落的问题有争论,许多学者包括部分美国学者都认为美国在衰落。但也有学者认为美国并没有衰落。美国哈佛大学教授约瑟夫·奈强调,说美国在衰落是对美国的误读,美国仍是世界上最强大的国家。Joseph S. Nye. *The Myth of Isolationist America.* http: //www. project – syndicate. org/ commentary/joseph – s – nye – refutes – the – increasingly – widespread – view – that – the – us – is – turning – inward.

② 参见奥巴马:《保持美国的全球领导地位:21 世纪防务首要任务》,2012 年 1 月。

③ "印尼将坚持自主经济发展战略",载《经济日报》2013 年 4 月 11 日。

巴基斯坦的战略目标评估：巴基斯坦经济发展缓慢，国内种族矛盾、恐怖主义威胁严重，贫困人口多。巴基斯坦的战略愿景是发展经济，稳定国内局势，在南亚成为与印度平起平坐的国家。

（2）有关国家战略目标与中国战略目标之间的关系。美国战略目标是维护全球领导地位既包括实力优势，也包括其他国家要服从美国的安排，与中国战略目标有矛盾；俄罗斯战略目标是恢复大国地位，包括在亚洲地区发挥影响力，与中国战略目标有竞争；日本的战略目标是成为"正常大国"，包括成为联合国常任理事国和重建国防军，与中国战略目标有竞争；韩国战略目标是增强实力，实现国家统一，与中国战略目标可协调；印尼战略目标是增强实力，在地区和国际事务中发挥重要作用，与中国战略目标可协调；印度战略目标是成为世界大国，在地区和世界事务发挥重要影响力，与中国战略目标有竞争；巴基斯坦战略目标是成为南亚的大国，与中国战略目标可协调。

2. 战略判断评估

战略判断是有关国家的自我定位及对中国的定位。主要根据有关国家的安全战略中关于面临威胁的分析和对中国的分析两个方面来评估。

（1）美国的战略判断评估：认为冷战后美国依然是实力上最强大的国家，但面临的威胁日趋复杂和多元，既有传统大国的挑战，还有恐怖主义、大规模杀伤性武器扩散、跨国犯罪等非传统威胁等。

美国对中国的战略判断是"长远来看，中国作为地区力量的崛起将可能以多种方式影响美国的经济和安全。两国在东亚的和平与稳定、建立合作的双边关系上有很强的利益攸关度"[1]，"将关注中国的军事现代化，并做好准备，以确保美国及其地区和全球性盟友的利益不会受到负面影响"[2]，这种判断实际上将中国看成是防范遏制的对象，是影响地区"稳定"的国家。

（2）俄罗斯的战略判断评估：冷战结束后俄罗斯政府将自身定

---

① 奥巴马：《保持美国的全球领导地位：21 世纪防务首要任务》2012 年 1 月。

② 奥巴马：《美国国家安全战略报告》2010 年。

位为有着国际影响的世界大国，但面临衰落。2015 年通过的《2020年前俄罗斯国家安全战略》指出俄罗斯克服了苏联解体带来的政治和社会经济危机，维护了国家主权和领土完整，恢复了捍卫国家利益的能力。认为俄罗斯面临传统威胁，主要是北约东扩和边界冲突；非传统威胁主要有恐怖主义、民族分裂主义和宗教极端主义，以及能源竞争和金融危机。

俄罗斯对中国的战略判断：认为中国是一个正在崛起的国家，对独联体产生影响。认为中国是俄罗斯在国际事务中可以借重的国家。这种判断基本上将中国看成是能够合作的对象。

（3）日本的战略判断评估：日本认为"安保环境越发严峻"，"处于战时与平时的'灰色地带'事态出现增强趋势"。日本面临的主要威胁是亚太地区安全环境日趋复杂，朝鲜核问题和导弹威胁，以及中国军事力量增强。为维护安全，日本强调从基于国际协调主义的积极和平主义立场出发，以日美同盟为主轴，加强与各国间合作。

日本对中国的战略判断：中国应该承担维护国际和平的责任，中国军事力量发展"不透明"。2013 年出台的《国家安全保障战略》和《防卫计划大纲》公开将中国由"潜在威胁"提升为"现实威胁和主要对手"。

（4）韩国的战略判断评估：韩国认为自身已是发达国家，但实力中等，周围大国环立。韩国认为国家安全既面临朝鲜威胁，也面临恐怖主义等非传统威胁。强调要维护自身安全，应对朝鲜的核问题，必须依靠美韩同盟，建立强大的自主国防，积极协调周边大国关系，构建东北亚和平机制。

韩国对中国的战略判断：认为与中国之间有分歧，但中国是韩国最大的出口市场和最大的对外直接投资地，中国在解决朝核问题、维护东北亚和平和促进朝鲜半岛统一方面具有不可替代的作用。韩国需要中国。① 韩国对中国的判断基本将中国看成是合作但有所猜疑的对象。

---

① 金炳局："夹在崛起的中国与霸权主义的美国之间：韩国的'防范战略'"，载朱锋等主编：《中国崛起：理论与政策的视角》，上海人民出版社 2008年版，第 338 页。

（5）印尼的战略判断评估：印尼认为面临的主要威胁是国内恐怖分子活动、地区分离主义和与邻国在海洋权益方面的争端。

印尼对中国的战略判断：中国对于维护地区和平具有重要作用，对中国在南海问题的主张持中立态度，希望调停中国与南海其他声索国之间的关系，认为应加强与中国合作，维护东南亚地区的和平稳定。印尼对中国的战略判断基本上将中国看成是合作对象。

（6）印度的战略判断评估：冷战结束后，印度认为国家安全面临着传统安全和非传统安全威胁。传统安全主要是将巴基斯坦看成是现实威胁，认为印巴分治是"历史性错误"；非传统威胁主要是恐怖主义、气候变化和生态问题等。

印度对中国的战略判断：将中国看成是安全的"挑战"，同时又认为两国在经济领域可以合作。印度对中国的这种判断基本上将中国看成是以防范为主的对象。

（7）巴基斯坦的战略判断：认为国家安全面临的主要威胁是印度和恐怖主义。巴基斯坦认为，由于克什米尔问题、宗教和历史等原因，加上印度是南亚大国，实力远远超过巴，巴国家安全始终面临印度的威胁。此外，由于宗教和种族原因，巴基斯坦国内恐怖主义泛滥，威胁国家稳定，影响经济发展。

巴基斯坦对中国的判断：认为中国经济发展为巴基斯坦带来机会，将中国看成是可以依赖的力量，两国是全天候战略合作伙伴。

3. 战略图谋评估

我们根据战略部署重点来评估有关国家的战略意图。（1）美国战略力量部署的重点方向：美国提出"亚太再平衡"战略，计划到 2020 年将海空军的 60% 调整到亚太方向，意味着到 2020 年美国战略力量部署的重点转向亚太地区。美国还在亚太积极推进 TPP 建设，排斥中国，企图主导亚太经济合作一体化①。（2）俄罗斯战略力量部署的重点方向：俄罗斯虽然强调要转向亚洲地区，比如 2012 年普京提出"新亚洲观"，强调亚洲经济发展对俄罗斯亚洲部分乃至全局的重要性，但由于国家经济、政治和社会重心在欧洲，短期内难以

---

① 特朗普上台后，虽然放弃 TPP，但经济上没有放松对中国的压力，企图既加强与中国经济合作，又防范中国，谋取美国的绝对经济利益。

将主要战略力量调整到亚太。俄罗斯的战略部署重点依然在欧洲方向。（3）日本战略力量部署的重点方向：西南诸岛。2013 年日本《中期防卫力量整备计划》明确提出要"加强西南诸岛等地的部队态势，为迅速投入部队而实施机动展开训练"。除此之外，日本国家安全战略关注重点是中东到日本近海的海上交通线，未来日本将向该方向投入强大的军事力量和外交力量。（4）韩国战略力量部署的重点方向：韩国主要力量投放在朝鲜半岛"三八线"南侧，主要是防范朝鲜的威胁。2010 年延坪岛事件后，韩国不断加强在"三八线"附近陆地和岛屿的军事部署。（5）印尼战略力量部署的重点方向：印尼战略力量部署重点方向是国内，对外的重点是马六甲海峡和南海的纳土纳群岛方向。（6）印度战略力量部署的重点方向：印度战略力量部署的重点海上以控制印度洋为主要目的；陆上以防止巴基斯坦为主要方向，印巴边界部署了 50% 的印度陆军，近几年印度也不断增强中印方向的兵力。在外交上，印度提出"东进"战略，加强与东盟、日本、澳大利亚的经济、军事和外交关系。但整体看，印度战略力量部署重点方向依然是南亚次大陆。（7）巴基斯坦战略力量部署的重点方向：巴基斯坦将主要战略力量部署在印巴边界，特别是克什米尔地区。

各项要素的权重：战略目标为 0.2，战略判断为 0.2，战略部署为 0.3，战略能力为 0.3。关于战略能力的评估，主要从能力构成要素角度来评估，以前面评估的综合国力作为相关国家的战略能力指标。根据战略对手评估公式 $R = (R_1 \times w_1 + R_2 \times w_2 + R_3 \times w_3) \times (R_4 \times w_4)$，可以对周边国家对中国构成的威胁程度做出评估，根据数值大小做出战略对手区分。

四、中国面临的安全风险评估[①]

安全风险评估围绕国家利益进行。评估国家面临的安全风险，分为两个方面：一是国家整体性的安全风险；二是具体领域的安全风险。

---

① 这里的中国安全风险评估不代表任何官方观点，目的仅仅是结合实例来具体说明如何运用前面提出的安全风险评估模型。

1. 国家整体性安全风险评估

整体性安全风险评估是将国家安全各个领域看成一个有机整体，评估出一个数值。

中国

（1）列举国家利益的主要事项。中国国家利益主要包括以下事项：政治利益，捍卫国家领土完整和主权独立，加强中国共产党领导，坚持中国特色社会主义制度。军事利益，提高履行新使命的能力，推进国防现代化建设，推进中国特色军事变革。经济利益，国家财政体系安全，维护国家金融体系稳定，保障资源供应，增强国家科技力量。文化利益，坚持社会主义价值观，继承优秀传统文化。社会公共利益，提高人口安全，保护生态环境，防止严重传染性疾病，打击暴力犯罪和恐怖主义。国际利益，促进周边环境的稳定，维护海上战略通道安全，推进国际合作。[①] 共计 19 项。

（2）对国家利益事项进行价值评估。价值评估包括三个方面：利益重要性评估、利益完整性评估和利益持续性评估。国家利益按照重要性分为四个层次：生死攸关的利益、重大利益、重要利益和一般利益。

利益层次	利益事项	赋值
生死攸关利益	捍卫国家领土完整和主权独立；加强中国共产党领导；提高履行军队新使命的能力	$(-1) \times 3$
重大利益	坚持中国特色社会主义制度；推进国防现代化建设；推进中国特色军事变革；国家财政体系安全；维护国家金融体系稳定	$(-0.75) \times 5$
重要利益	保障资源供应；增强国家科技力量；打击暴力犯罪和恐怖主义；保护生态环境；坚持社会主义价值观；促进周边环境的稳定；维护海上战略通道安全；推进国际合作	$(-0.5) \times 8$
一般利益	继承优秀传统文化；提高人口安全；防止严重传染性疾病	$(-0.25) \times 3$

---

① 杨毅主编：《国家安全战略研究》，国防大学出版社 2007 年版，第 268—274 页。

国家利益完整性分为四个层次：完整性程度高、完整性程度较高、完整性程度一般、完整性程度较低。

完整性程度	利益事项	赋值
高	捍卫国家领土完整和主权独立；加强中国共产党领导；提高履行军队新使命的能力；坚持中国特色社会主义制度	（-1）×4
较高	推进国防现代化建设；推进中国特色军事变革；国家财政体系安全；维护国家金融体系稳定；坚持社会主义价值观	（-0.75）×5
一般	保障资源供应；增强国家科技力量；打击暴力犯罪和恐怖主义；促进周边环境的稳定；保护生态环境；维护海上战略通道安全；推进国际合作	（-0.5）×7
较低	继承优秀传统文化；提高人口安全；防止严重传染性疾病	（-0.25）×3

国家利益的持续性分为四个层次：时限程度高、时限程度较高、时限程度一般和时限程度较低。

时限程度	利益事项	赋值
高	捍卫国家领土完整和主权独立；加强中国共产党领导；提高履行军队新使命的能力；坚持中国特色社会主义制度	（-1）×4
较高	推进国防现代化建设；推进中国特色军事变革；国家财政体系安全；维护国家金融体系稳定；坚持社会主义价值观；保障资源供应；增强国家科技力量；打击暴力犯罪和恐怖主义；保护生态环境；促进周边环境的稳定；维护海上战略通道安全；推进国际合作	（-0.75）×12
一般	继承优秀传统文化；提高人口安全；防止严重传染性疾病	（-0.5）×3
较低		

周边地区

地区安全风险评估涉及五大领域：社会、技术、经济、军事和政治。首先，对每个领域主要事项进行可能性评估。

社会领域：

事项	内容	趋势	可能性程度	赋值
人口	各年龄段人口	老龄化人口比重增加	10%—20%	3
生活方式	城镇化	城镇化程度减缓	<1%①	1
	教育水平	教育水平下降	<1%	1
	中产阶级	中产阶级增长趋势减弱	<1%②	1
财富分配	贫困人口状况	贫困人口占人口比重增加	<1%	1
	收入分配	收入分配平均恶化	>20%	4

技术领域：

事项	内容	趋势	可能性程度	赋值
科技创新	技术创新的重视程度	研发投入和从事研发的人员数量减少	<1%	1
新技术运用	新技术运用前景广阔	新技术在不同领域运用带来负面影响	<1%	1

经济领域：

事项	内容	趋势	可能性程度	赋值
能源资源	资源能源供应量	能源资源供需矛盾加剧	>20%	4
	能源资源争夺	能源资源的争夺激烈	>20%	4

---

①　根据联合国开发计划署《2016 亚太地区人类发展报告》，亚太地区城镇化和给予水平未来将继续提高。http：//hdr. undp. org/en/content/asia – pacific – human – development – report – 2016.

②　联合国开发计划署《2013 人类发展报告》指出，到 2030 年全世界 2/3 的中产阶级将生活在亚太地区。周边地区中产阶级发展没出现减弱的趋势。http：//hdr. undp. org/en/2013 – report.

事项	内容	趋势	可能性程度	赋值
国际贸易	国家之间的贸易联系	贸易密切程度松散	1%—10%	2
	贸易保护主义	贸易壁垒程度提高	>20%	4
金融投资	货币体系	美元地位动荡	1%—10%	2
	国际金融投资量	外资、相互投资减少	10%—20%	3

军事领域：

事项	内容	趋势	可能性程度	赋值
战争与冲突	战争与冲突频率	未来战争与冲突增多	10%—20%	2
军费开支与军备竞赛	军费开支增加	各国军费开支增加	>20%	4

政治领域：

事项	内容	趋势	可能性程度	赋值
国家行为体作用	大国的国际控制力	大国对国际社会控制力弱化	1%—10%	2
	非国家行为体	非国家行为体作用趋势增强	>20%	4
意识形态	意识形态作用	意识形态对抗程度加剧	>20%	4
全球治理	国际组织	国际组织应对危机能力下降	10%—20%	2
	联合国	联合国在地区事务中的作用弱化	>20%	4

其次，对每个领域事项进行损失评估。衡量损失程度有三项指标：损失美元额度、人员损失数量以及对世界或地区 GDP 增速的影响。每个领域的主要事项只衡量一项指标。①

---

① 表中数据是粗略数字，目的只是显示如何评估地区风险。

社会领域：

事项	内容	趋势	损失程度	赋值
人口	各年龄段人口	老龄化人口比重增加	影响地区 GDP 增长 0.5%①	2
生活方式	城镇化	城镇化程度减缓	－	－
	教育水平	教育水平下降	－	－
	中产阶级	中产阶级增长趋势减弱	－	－
财富分配	贫困人口状况	贫困人口占人口比重增加②	－	－
	收入分配	收入分配平均恶化	影响地区 GDP 增长 0.3%③	2

技术领域：

事项	内容	趋势	损失程度	赋值
科技创新	技术创新的重视程度	研发投入和从事研发的人员数量减少	－	－
新技术运用	新技术运用前景广阔	新技术在不同领域运用带来负面影响	－	－

---

① 根据联合国开发计划署《2016 亚太地区人类发展报告》图表 1.6 和图表 1.7 有关数据计算。http：//hdr. undp. org/en/content/asia - pacific - human - development - report - 2016.

② 根据世界银行 2016 年报告，未来世界和亚太地区的贫困人口将继续减少。

③ 衡量收入分配的重要指标是基尼系数。基尼系数对 GDP 增长有影响，但到底影响到何种程度有争论，有一种观点认为基尼系数每上升一个百分点，影响经济增长一个百分点。https：//www. imf. org/external/pubs/cat/longres. aspx? sk = 41291.0.

经济领域：

事项	内容	趋势	损失程度	赋值
能源资源	资源能源供应量	能源资源供需矛盾加剧	多于 10000 亿美元	4
	能源资源争夺	能源资源的争夺激烈	2500 亿至 10000 亿美元	3
国际贸易	国家之间的贸易联系	贸易密切程度松散	2500 亿至 10000 亿美元	3
	贸易保护主义	贸易壁垒程度提高	2500 亿至 10000 亿美元	3
金融投资	货币体系	美元地位动荡	多于 10000 亿美元损失	4
	国际金融投资量	外资、相互投资减少	2500 亿至 10000 万亿美元	3

军事领域：

事项	内容	趋势	损失程度	赋值
战争与冲突	战争与冲突频率	未来战争与冲突增多	每场冲突 10 万左右的伤亡	3
军费开支与军备竞赛	军费开支增加	各国军费开支增加	影响地区 GDP 增长 0.7%	3

政治领域：

事项	内容	趋势	损失程度	赋值
国家行为体作用	大国的国际控制力	大国对国际社会控制力弱化	难以判断	
	非国家行为体	非国家行为体作用趋势增强（恐怖主义）	每年 >10000 人	3
意识形态	意识形态作用	意识形态对抗程度加剧	每年 >10000 人	3
全球治理	国际社会	国际社会应对危机能力下降	每年自然灾害死亡 >10000 人	3
	国际组织	联合国在地区事务中的作用弱化	难以判断	

再次，计算周边地区的风险值。

社会领域：

事项	内容	趋势	风险值	影响等级赋值
人口	各年龄段人口	老龄化人口比重增加	6	−1
生活方式	城镇化	城镇化程度减缓	−	−
	教育水平	教育水平下降	−	−
	中产阶级	中产阶级增长趋势减弱	−	−
财富分配	贫困人口状况	贫困人口占人口比重增加	−	−
	收入分配	收入分配平均恶化	8	−0.5

技术领域：

事项	内容	趋势	风险值	影响等级赋值
科技创新	技术创新的重视程度	研发投入和从事研发的人员数量减少	−	−
新技术运用	新技术运用前景广阔	新技术在不同领域运用带来负面影响	−	−

经济领域：

事项	内容	趋势	风险值	影响等级赋值
能源资源	资源能源供应量	能源资源供需矛盾加剧	16	−1
	能源资源争夺	能源资源的争夺激烈	12	−1
国际贸易	国家之间的贸易联系	贸易密切程度松散	6	−0.5
	贸易保护主义	贸易壁垒程度提高	12	−1
金融投资	货币体系	美元地位动荡	8	−1
	国际金融投资量	外资、相互投资减少	9	−0.5

军事领域：

事项	内容	趋势	风险值	影响等级赋值
战争与冲突	战争与冲突频率	未来战争与冲突增多	6	−1
军费开支与军备竞赛	军费开支增加	各国军费开支增加	12	−1

政治领域：

事项	内容	趋势	风险值	影响等级赋值
国家行为体作用	大国的国际控制力	大国对国际社会控制力弱化	-	-
	非国家行为体	非国家行为体作用趋势增强	12	-0.5
意识形态	意识形态作用	意识形态对抗程度加剧	12	-0.5
行全球治理	国际组织	国际组织应对危机能力下降	6	0.5
	联合国	联合国在地区事务中的作用弱化	-	-

以百分计，每个领域占 20%，总体上周边风险评估值 = 25，影响等级值 = -19.7。

评估国家面临的安全风险。利益评估 = $I \times a_1 + C \times a_2 + Z \times a_3$ = -12.55[①]；脆弱性评估 = $F \times b_1 + G \times b_2$ = -4.2[②]。损失可能性 = $[(F \times b_1 + G \times b_2) \times 0.3] \times (T \times 0.3)$ = (-4.2) $\times 0.3 \times$ (-2.86) $\times$ (-1)[③] $\times 0.3$ = -1.08。损失程度 = $[(I \times a_1 + C \times a_2 + Z \times a_3) \times 0.4] \times [(F \times b_1 + G \times b_2) \times 0.3]$ = (-12.55) $\times 0.4 \times$ (-4.2) $\times 0.3$ = 6.33。国家面临的安全风险 = -6.84，属于较高风险。在这个评估公式中，核心利益越多、利益完整性要求越强、利益需要维持的时间越长，安全风险就越高。可以对其他国家整体性安全风险进行评估，并对相关国家安全风险评估值进行比较，可以找到本国所处的位置。

2. 国家具体领域安全风险评估

具体领域安全风险评估，是对国家安全涉及的相关领域进行评估，分别给出单独的数值。比如总体国家安全观涉及 11 个领域，需要对这 11 个领域分别进行单独的风险评估。各个领域安全风险评估

---

① 利益重要性权重为 40%，利益完整性权重为 30%，利益持续性权重为 30%。

② 战略能力差距以中国与其他七国综合国力评估分值根据威胁程度计算，偏好的不计入。

③ 威胁评估值是将其他七个国家中对中国有威胁的评估值相加，根据威胁程度予以赋值。

程序和方法基本相似，这里我们仅以经济领域为例，来说明具体领域安全风险评估的程序和方法。

（1）评估中国经济领域利益。首先，列举经济领域的利益。主要有：国家财政体系安全，维护国家金融体系稳定，保障资源供应，增强国家科技力。其次，对经济利益进行价值评估。价值评估包括三个方面：利益重要性评估、利益完整性评估和利益持续性评估。利益重要性分为四个层次：生死攸关的利益、重大利益、重要利益和一般利益。

利益层次	利益事项	赋值
生死攸关利益		
重大利益	国家财政体系安全；维护国家金融体系稳定	（-0.75）×2
重要利益	保障资源供应；增强国家科技力量	（-0.5）×2
一般利益		

利益完整性分为四个层次：完整性程度高、完整性程度较高、完整性程度一般、完整性程度较低。

完整性程度	利益事项	赋值
高		
较高	国家财政体系安全；维护国家金融体系稳定	（-0.75）×2
一般	保障资源供应；增强国家科技力量	（-0.5）×2
较低		

利益的持续性分为四个层次：时限程度高、时限程度较高、时限程度一般和时限程度较低。

时限程度	利益事项	赋值
高		
较高	国家财政体系安全；维护国家金融体系稳定；保障资源供应；增强国家科技力量	（-0.75）×4
一般		
较低		

（2）评估周边地区经济风险。首先，对经济风险可能性进行
评估。

事项	内容	趋势	可能性程度	赋值
能源资源	资源能源供应量	能源资源供需矛盾加剧	>20%	4
	能源资源争夺	能源资源的争夺激烈	>20%	4
国际贸易	国家之间的贸易联系	贸易密切程度松散	1%—10%	2
	贸易保护主义	贸易壁垒程度提高	>20%	4
金融投资	货币体系	美元地位动荡	1%—10%	2
	国际金融投资量	外资、相互投资减少	10%—20%	3

其次，对经济风险损失程度进行评估。

事项	内容	趋势	损失程度	赋值
能源资源	资源能源供应量	能源资源供需矛盾加剧	多于 10000 亿美元	4
	能源资源争夺	能源资源的争夺激烈	2500 亿至 10000 亿美元	3
国际贸易	国家之间的贸易联系	贸易密切程度松散	2500 亿至 10000 亿美元	3
	贸易保护主义	贸易壁垒程度提高	2500 亿至 10000 亿美元	3
金融投资	货币体系	美元地位动荡	多于 10000 亿美元损失	4
	国际金融投资量	外资、相互投资减少	2500 亿至 10000 万亿美元	3

最后，计算周边地区经济风险值，每事项占比 33.3%。经济风
险值 = -18.32。

事项	内容	趋势	风险	影响等级赋值
能源资源	资源能源供应量	能源资源供需矛盾加剧	16	-1
	能源资源争夺	能源资源的争夺激烈	12	-1
国际贸易	国家之间的贸易联系	贸易密切程度松散	6	-0.5
	贸易保护主义	贸易壁垒程度提高	12	-1
金融投资	货币体系	美元地位动荡	8	-1
	国际金融投资量	外资、相互投资减少	9	-0.5

（3）经济风险评估。首先，按照前面战略对手的评估公式，综合考虑周边国家在经济领域的战略目标、战略判断、战略图谋和战略能力，评估周边国家对中国在经济领域构成的威胁程度，计算结果假定为 T。其次，根据风险评估公式进行经济领域风险评估：利益评估 $= I \times a_1 + C \times a_2 + Z \times a_3 = -2.65$；脆弱性评估 $= F \times b_1 + G \times b_2 = 0.6G - 7.33$[①]。损失可能性 $= (0.6G - 7.33) \times 0.3 \times T \times 0.3 = 0.09T \times (0.6G - 7.33)$，损失程度 $= (-2.65) \times 0.4 \times (0.6G - 7.33) \times 0.3 = (-0.32) \times (0.6G - 7.33)$，经济领域安全风险 $= (-0.03) T \times (0.6G - 7.33)^2$。其他领域的安全风险评估基本类似。在评估不同领域安全风险后，可以对其进行比较排序，找出最脆弱的领域，这是国家安全战略应对的重点领域。

在安全风险评估后，需要根据国家面临的整体安全风险和相关领域安全风险，提出有针对性的应对举措，这是战略评估的重要组成部分。

---

① 经济领域战略能力差距是指经济领域对中国有竞争的国家能力之和与中国经济能力之间的差，结果用 G 表示，还需要根据 G 的大小，结合前面核心能力差距权重表，赋予 G 权重。

主要参考书目

一、中文书目（包括中译本）

伊戈尔·安索夫著，邵冲译：《战略管理》，机械工业出版社2011年版。

戴维·波普诺著，李强等译：《社会学》，中国人民大学出版社1998年版。

迈克尔·波特著，陈小悦译：《竞争优势》，华夏出版社2005年版。

迈克尔·波特著，陈小悦译：《竞争战略》，华夏出版社2005年版。

迈克尔·波特著，李明轩等译：《国家竞争优势》，中信出版社2012年版。

陈庆云主编：《公共政策分析》，北京大学出版社2006年版。

陈瑜：《世界著名智库的军事战略研究——观点 做法 启示》，九州出版社2016年版。

陈振明主编：《政策科学——公共政策分析导论》，中国人民大学出版社2003年版。

托马斯·R.戴伊著，鞠方安等译：《自上而下的政策制定》，中国人民大学出版社2002年版。

段陪君主编：《战略思维：理论和方法》，中共中央党校出版社2011年版。

詹姆斯·多尔蒂等著，阎学通等译：《争论中的国际关系理论》，世界知识出版社2003年版。

劳伦斯·弗里德曼著，王坚等译：《战略：一部历史》：社会科学文献出版社2016年版。

埃贡·古贝等著，秦森等译：《第四代评估》，中国人民大学出版社 2008 年版。

国防大学科研部编：《路线图：一种新型战略管理工具》，国防大学出版社 2011 年版。

郭树勇：《大国成长的逻辑》，北京大学出版社 2006 年版。

范洪等：《信息安全风险评估方法与应用》，清华大学出版社 2006 年版。

阿诺尔多·C. 哈克斯等著，庞博等译：《战略实践：如何系统制定企业战略》，机械工业出版社 2003 年版。

胡永宏等：《综合评价方法》，科学出版社 2000 年版。

肯尼思·华尔兹著，信强译：《国际政治理论》，上海人民出版社 2003 年版。

黄硕风：《综合国力新论》，中国社会科学出版社 1999 年版。

江积海编著：《战略与管理：定位与路径》，北京大学出版社 2011 年版。

威廉·R. 金等著，《战略规划与政策》翻译小组译：《战略规划与政策》，上海翻译出版公司 1984 年版。

军事科学院国防政策研究中心：《战略评估（2012）》《战略评估（2013）》。

罗伯特·卡普兰等著，上海博意门咨询有限公司译：《平衡计分卡战略实践》，中国人民大学出版社 2009 年版。

史蒂文·凯尔曼著，商正译：《制定公共政策》，商务印书馆 1990 年版。

李方：《中国综合国力论》，安徽科技出版社 2002 年版。

李慎明等：《全球政治与安全报告（2014）》，社会科学文献出版社 2014 年版。

梁鹤年著，丁进锋译：《政策规划与评估方法》，中国人民大学出版社 2009 年版。

刘斌等主编：《政策科学研究》，人民出版社 2000 年版。

刘铁娃：《霸权地位与制度开放性》，北京大学出版社 2013 年版。

刘学：《战略：从思维到行动》，北京大学出版社 2009 年版。

理查德·鲁美尔特著，蒋宗强译：《好战略，坏战略》，中信出版社 2012 年版。

彼得·罗希等著，邱泽奇等译：《评估：方法与技术》，重庆大学出版社 2007 年版。

戴维·罗伊斯等著，王军霞等译：《公共项目评估导论》，中国人民大学出版社 2007 年版。

琼·玛格丽塔著，蒋宗强译：《竞争战略论：一本书读懂迈克尔·波特》，中信出版社 2012 年版

大卫·马什等著，景跃进等译：《政治科学的理论与方法》，中国人民大学出版社 2006 年版。

马亚龙等：《评估理论和方法及其军事应用》，国防工业出版社 2013 年版。

亨利·明茨伯格著，闾佳译：《明茨伯格论管理》，机械工业出版社 2010 年版。

亨利·明茨伯格等著，徐二明译：《战略过程》，中国人民大学出版社 2012 年版。

亨利·明茨伯格等著，魏江译：《战略历程：穿越战略管理旷野的指南》，机械工业出版社 2012 年版。

汉斯·摩根索著，徐昕等译：《国家间政治：权力斗争与和平》，北京大学出版社 2006 年版。

威廉森·默里等著，时殷弘等译：《缔造战略：统治者、国家与战争》，世界知识出版社 2004 年版。

牟杰等：《公共政策评估：理论与方法》，中国社会科学出版社 2006 年版。

妮科尔·涅索托等著，范炜炜译：《2025 年世界将发生什么》，东方出版社 2010 年版。

潘东豫：《净评估：全面掌握国家与企业优势》，经典傅讯文化股份有限公司 2003 年版。

约瑟夫·奈著，马娟娟译：《软实力》，中信出版社 2013 年版。

秦亚青：《霸权体系与国际冲突》，上海人民出版社 1999 年版。

秦亚青：《权力·制度·文化：国际关系理论与方法研究文集》，北京大学出版社 2005 年版。

秦杨勇：《战略规划》，经济管理出版社 2011 年版。

阿什利·泰利斯等著，门洪华等译：《国家实力评估：资源 绩效 军事能力》，新华出版社 2002 年版。

孙德刚：《危机管理中的国家安全战略》，上海人民出版社 2010 年版。

唐世平：《塑造中国的理想安全环境》，中国社会科学出版社 2003 年版。

吴征宇：《霸权的逻辑》，中国人民大学出版社 2010 年版。

王缉思等：《中美战略互疑：解析与应对》，社会科学文献出版社 2013 年版。

王鸣鸣：《外交政策分析：理论与方法》，中国社会科学出版社 2008 年版。

杰弗里·维克斯著，陈恢钦等译：《判断的艺术——政策制定研究》，中国青年出版社 2004 年版。

迈克尔·希特等著，吕巍等译：《战略管理：竞争与全球化》，机械工业出版社 2005 年版。

许树伯：《实用决策方法——层次分析法原理》，天津大学出版社 1988 年版。

阎学通等：《中国崛起——国际环境评估》，天津人民出版社 1998 年版。

阎学通等：《国际关系研究实用方法》，人民出版社 2001 年版。

法里德·扎卡利亚著，赵广成等译：《后美国世界：大国崛起的经济新秩序时代》，中信出版社 2009 年版。

张国庆主编：《公共政策分析》，复旦大学出版社 2004 年版。

张曙光等：《实力与威胁：美国国防战略界评估中国》，中国财政经济出版社 2004 年版。

张小明：《中国周边安全环境分析》，中国国际广播出版社 2003 年版。

张杰等：《效能评估方法研究》，国防工业出版社 2009 年版。

张最良等：《军事战略运筹分析方法》，军事科学出版社 2009 年版。

中国现代国际关系研究院：《国际战略与安全形势评估》（2013/

2014），时事出版社 2014 年版。

周丕启：《大战略分析》，上海人民出版社 2009 年版。

邹统钎等：《战略管理思想史》，南开大学出版社 2011 年版。

二、英文书目

T. Bedford, et al. , *Probabilistic Risk Analysis: Foundations and Methods*, New York: Cambridge University Press, 2001.

Geoffrey Blainey, et al. , *Strategy in the Contemporary World: Introduction to Strategic Studies*, New York: Oxford University Press, 2002.

Barry Buzan, *Strategic Studies*, New York: St. Martin's Press, 1987.

Walter Carlsnaes, et al. (eds.), *Handbook of International Relations*, London: Sage Publications, 2002.

B. S. Chakravarthy, et al. , *Handbook of Strategy and Management*, London: Sage Publications, 2002.

Nazi Choucri, et al. , *National Growth and International Violence*, San Francisco: W. H. Freeman and Company, 1975.

Raymond Cohen, *Threat Perception in International Crisis*, Seattle: University of Washington Press, 1979.

Thomas B. Fisher, *The Theory and Practice of Strategic Environment Assessment*, London: Sterling, 2007.

N. J. Foss, et al. , (eds.), *Resources, Technology and Strategy: Exploration in the Resource - based Perspective*, London: Routledge, 2000.

Eric Herring, *Danger and Opportunity: Explaining International Crisis Outcomes*, Manchester: Manchester University Press, 1995.

Beatrice Heuser, *The Evolution of Strategy: Thinking War from Antiquity to the Present*, Cambridge: Cambridge University Press, 2010.

C. L. Hwang, et al. , *Group Decision Making under Multiple Criteria: Methods and Applications*, New York: Springer - Verlag, 1986.

Colin S. Gray, *Modern Strategy*, Oxford: Oxford University Press, 1999.

A. J. Jones, *Game Theory: Mathematical Models of Conflict*, Chichester: Horwood Publishing, 2000.

N. Lichfield, *Evaluation in the Planning Process*, Oxford: Pergamen Press, 1975.

Andrew W. Marshall, et al. , *On Not Confusing Ourselves: Essays on National Security Strategy in Honor of Albert & Roberta Wohlstetter*, Boulder: Westview Press, 1991.

Williamson Murray, et al. , *Calculations: Net Assessment and the Coming of World War* II , New York: The Free Press, 1991.

S. J. Pfeffer, *The External Control of Organizations: A Resource Dependence Perspective*, New York: Harper & Row, 1978.

R. Stacey, *Strategic Management and Organization Dynamics*, London: Pitman, 1993.

Virinder Uberoy, *Threat Perception for National Security*, New Delhi: UBS Publishers' Distributors Pvt. Ltd. 2004.

C. H. Weiss (eds.), *Evaluation Action Programs*, Boston: Allyn & Bacon, 1972.

后　记

　　本书是笔者大战略研究三部曲的第二部，目的是尝试推进战略研究的科学化，倡导战略科学。在学术界，关于战略究竟是科学还是艺术的问题一直存在着争论，但对于战略研究的本质是科学基本不存在分歧。一般说来，学科研究的科学化有广义和狭义之分。广义的科学化，是指任何学问只要采用科学方法进行研究都可以称之为科学化；狭义的科学化，是指除了运用科学方法之外，研究结果还要有可重复性、可验证性。显然，目前的战略研究属于广义的科学化，还不是狭义的科学化，称不上战略科学。

　　运用科学方法研究战略古已有之，普鲁士的战略思想家比洛可能最早采用科学方法研究战略。他提出了战争几何学，企图运用几何原理来研究战略问题。战略研究史上的关键人物克劳塞维茨虽然认为战略属于艺术，但强调任何艺术都包含若干科学要素在内。他在《战争论》中就提出战略包括精神要素、物质要素、数学要素、地理要素和统计要素。二战后，战略研究的科学化有了迅速发展。美国战略学家布罗迪认为对战略进行数理化推理很重要，无可替代。当然，并不是所有战略学家都赞成战略研究的科学化，法国战略学家博福尔认为如果有人希望创立一种真正的战略科学，充满不变的原则，这说明他们对于战略有根本的误解。当前，战略研究科学化的一个趋势是重视战略的可预测性。可预测性是以可重复性、可验证性为基础的。战略的可预测性依赖战略的前瞻性。战略具有前瞻性，毛泽东指出，战略指导者当其处在一个战略阶段时，应该计算到往后多数阶段，至少也应计算到下一阶段。但传统意义上的战略前瞻性不等同于科学意义上的可预测性。战略评估是建立战略模型的过程，通过量化分析，建立数学方程式，可以提高战略的可重复性和可预测性，推动战略研究走向科学。

后 记

本书是国家社会科学基金项目，原题为《国家安全环境评估的理论与方法》。在成书过程中，得到许多领导专家学者的支持，在此深表感谢。他们是北京大学王缉思教授、贾庆国教授、梅然副教授和于铁军副教授；中国人民大学的陈岳教授、金灿荣教授、宋伟教授；外交学院的秦亚青教授、高飞教授；中央党校的刘建飞教授；北京师范大学的张胜军教授；军事科学院的易本胜研究员、张露研究员；国防大学的唐永胜将军、孟祥青将军。

感谢妻子张晓明女士，正是她的不断鞭策和无尽贤惠，才使我在这个纷繁的世界中能够安徐正静地完成本书；女儿莹莹也不断地鼓励我，使我在夜深人静时能够凝神静思在写作过程中遇到的诸多难题。

提倡战略研究科学化应该不会受到众人非议，但倡导战略科学，以及书中提出的战略评估方法是否合理以及能否推进战略研究科学化，心存疑虑，敬请专家学者批评指正。

周丕启

2018 年 10 月 1 日于红山口